网络道德生活的态度偏移研究

杨宇辰 / 著

Research on Attitude Deviation in
Online Moral Life

目 录

导 论 / 1

第一章 网络道德生活概述 / 4
第一节 网络道德生活的内涵 / 4
第二节 网络道德生活的特征 / 6

第二章 网络道德生活的态度偏移 / 17
第一节 道德态度 / 17
第二节 道德态度的特点 / 23
第三节 网络道德生活中态度偏移的特点 / 40

第三章 网络道德生活的构成要素 / 46
第一节 网络道德生活的主体：网络群体 / 46
第二节 网络道德生活的客体：道德议题 / 57
第三节 网络道德生活的场域：网络空间 / 66

第四章 网络道德生活中态度偏移的表征 / 77
第一节 道德认知的偏移 / 77
第二节 道德情感的偏移 / 81
第三节 道德行为倾向的偏移 / 83

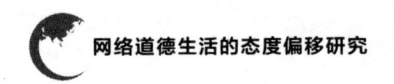

第五章　网络道德生活中态度偏移的生成过程 / 89

第一节　道德态度偏移的形成 / 89

第二节　道德态度偏移的发展 / 98

第三节　道德态度偏移的消退 / 106

第六章　网络道德生活中态度偏移的社会影响 / 113

第一节　态度偏移对道德评价的影响 / 113

第二节　态度偏移对道德行为的影响 / 116

第三节　态度偏移对群体关系的影响 / 119

参考文献 / 124

导 论

　　1984 年，美国科幻作家威廉·吉布森（William Ford Gibson）在科幻名著《神经漫游者》中首次提出"网络空间"（cyberspace）一词，预示了 20 世纪 90 年代的电脑网络世界，"虚拟现实"的提法也从此进入了人们的语言系统。今天，互联网技术的快速发展已经将科幻小说的这些预言变为现实。在世界文明史中，从农业革命、工业革命到信息革命，人类生产生活水平的巨大提升总是伴随着产业技术革命的发生。当前，人类正经历着传播的革命——数字化传播革命。网络传播是数字化传播中影响面最广、影响力最大的组成部分，改变了人们物质生活和精神生活的方式。在物质生活方面，网络对人们的影响主要是积极的，成为人们认识和改造世界的新工具，极大地提高了人们生产生活的效率；在精神生活方面，网络的影响是复杂的，既有促使社会更加开放、多元、平等的积极影响，也造成了谣言、欺诈、虚假和低俗信息的污染。在网络空间中，一种基于网络化生存特点的虚拟社会逐渐形成。它既开辟了全新的虚拟生活空间，又不是脱离现实世界的虚幻乌托邦，而是现实世界的网络延伸，同时又具有许多新特征。曼纽尔·卡斯特认为："信息时代的支配性功能与过程日益以网络组织起来，网络建构了我们社会的新社会形态，而网络化逻辑的扩散实质性地改变了生产、经验、权力与文化过程中的操作和结果。"[①] 复杂多元性是网络社会的标志性特征，也因此成为滋生风险的温床。尼葛洛庞帝也指出，在网络诞生后，

[①] 〔英〕曼纽尔·卡斯特：《网络社会的崛起》，夏铸九、王志弘等译，社会科学文献出版社，2006，第 5 页。

"技术不再只和计算机有关,它决定我们的生存"①。

在网络化生存方式下,人与人之间产生了新的关系联结,这些新关系的产生必然滋生出新需求、新矛盾和新问题。一是形成了新的网缘关系。传统社会的交往活动局限在一定的圈层、种族、地域等,主要由血缘关系、地缘关系、学缘关系、业缘关系等基本关系构成,主体往往在社会属性上有着较高的一致性。"网络技术打破了以往社会亲近性和物理邻近性的嵌套关系,空间不再是人们交往广度与深度的决定性因素。"② 新型的网缘关系形成,这种关系突破了传统关系结构,呈现离散化、多元化、网络化、立体化的构成方式,将不同地域、不同阶层的人汇聚到一起。在这种关系中,没有纵向层级,每个人都是平等的、开放的、自由的。这种新型的人际关系方式必然会"涉及一些和共同在场情境下包含的关系不同的社会机制"③,这种跨越时间、空间和阶层的社会交往关系使社会在网络空间上实现了重构。二是形成了新的虚拟关系。人与人之间面对面的交流转化为以网络符号为媒介的间接交流,视觉、听觉、触觉等传统交际中的感觉系统失灵。现实的人以数字化的人、虚拟化的人与他人建立联系。这种数字化的人既可以是现实的人的网络化,也可以是现实的人在网络活动中经过自我改造、设计之后的人。网络活动的人既是真实的人,又是同真实的人不同的"虚拟的人",隔着网络,人们更多是通过网络空间呈现出来的符号为交往对象构建形象。这导致了网络上的人既真实又虚拟,既是现实社会中具有某种特定身份和角色的人,又是网络空间中模糊了身份、角色的人,甚至连性别、外貌等自然特征也可以虚拟。这种高度虚拟的关系使网络社会具有低信任度和低稳定性的特点。三是形成了新的群体关系。网络群体是"为网络衍生出来的社会群居现象,也就是一定规模的人们,以充沛的感情进行

---

① 〔美〕尼葛洛庞帝:《数字化生存》,胡泳等译,海南出版社,1997,第17页。
② 〔德〕哈特穆特·罗萨:《新异化的诞生:社会加速批判理论大纲》,郑作彧译,上海人民出版社,2018,第128页。
③ 〔英〕安东尼·吉登斯:《社会的构成》,李康译,三联书店,1998,第104页。

某种程度的公开讨论,在网络空间中形成的个人关系网络"①。与现实群体不同,网络群体是以网缘关系为基础形成的群体,群体成员之间主要通过虚拟交流来建立联系、交换信息。从群体类型上来说,主要以非正式群体的形式存在,群体对成员表现出更多的开放性,群体关系也体现出更多的平等性。网络群体的另一个鲜明特征就是成员构成无上限,充分体现了网络的广泛联结性与充分开放性。另外,网络群体表现出以一致性为趋向的组织特点,表现为兴趣爱好的一致性、态度观点的一致性、思想价值的一致性等,从而形成了"网络虚拟社区"的特殊群体组织形式,正如尼葛洛庞帝所指出的那样,"互联网络用户构成的社区将成为日常生活的主流……网络真正的价值正越来越和信息无关,而和社区相关"②。

---

① 黄少华、陈文江:《互联网与社会学》,兰州大学出版社,2001,第126页。
② 〔美〕尼葛洛庞帝:《数字化生存》,胡泳译,海南出版社,1997,第213~214页。

第一章　网络道德生活概述

在历史唯物主义看来，道德是"调整人与人之间关系以及人与社会之间关系的一种特殊行为规范的总和，体现着一定社会或阶级的行为规范和要求"①，反映了特定的经济基础和社会生活。既然道德是人的道德，从本质上来讲是属人的精神生活，从目的上来讲是为了调节个人利益与社会共同利益这一人类社会生活的重要问题而产生，那么道德必然与人类生活密不可分。作为社会意识的一种，道德在人类社会交往过程中形成，人类生产生活方式的变化也必然会引起道德的相应变化。道德是生活中的道德，道德是生活的重要内容。在网络道德生活中，群体分化围绕道德评价展开，体现了道德价值冲突，主要表现为网民道德认知上的分化、道德情感上的分化、道德行为上的分化等倾向。

第一节　网络道德生活的内涵

1. 道德生活

道德与生活的关系是伦理学研究的重要命题之一。高兆明提出，道德生活有广义与狭义之分，将道德生活定义为"有关人们利益关系的实践理性生活，是追求人格完善、社会和谐与公正的创造性生活"②。这一概念将道德视为人的应然存在方式，规定了人类生活的理想方式和价值目标，同时也强调了道德生活不是一种孤立存在的生活，而是"存在于

---

① 王贤卿：《道德是否可以虚拟》，复旦大学出版社，2011，第83页。
② 高兆明：《道德生活论》，河海大学出版社，1993，第13页。

第一章 网络道德生活概述

其他社会生活中,并通过其他社会生活显现自身"①。易小明等将道德生活定义为"具有道德意蕴、可以进行善恶评价的生活"②。这一界定指明了,道德生活首先是生活,是人类生活的一部分,进而指明了道德生活是人类生活中具有道德意蕴的那部分生活。二者的差别在于,道德生活究竟是人类生活的一部分内容,还是生活的另一面。如果将道德生活理解为生活的一种表达方式,则社会生活指生活的事实层面,而道德生活指生活的价值层面,道德生活体现了道德对生活的规定性和约束性,道德生活与生活是重合的关系。如果将道德生活理解为人类生活的一部分,则承认在道德生活之外,人类生活还存在其他内容,道德生活从属于社会生活。

本书所研究的道德生活,是指社会生活中能够以道德规范加以评价的生活。需要强调的是,它不同于"道德的生活"。"道德的生活"本质上只是道德生活的组成部分,是道德生活中符合道德规范的生活。而道德生活还包括了能够用道德规范加以评价、评价结果是不符合道德规范的那部分生活,是道德参与的生活。这样的道德生活内涵十分广泛,只要是社会生活中具有道德意蕴的部分就可以纳入道德生活。这也决定了,道德生活与经济生活、政治生活、狭义的社会生活并不是并列的,经济生活、政治生活、狭义的社会生活中能够进行道德评价的部分,都属于道德生活,因此才有经济伦理、政治伦理以及社会生活中各种应用伦理的研究。但也需要同时强调,道德不能规定所有社会生活,道德评价也不是社会生活中凌驾于其他评价标准之上的评价,社会生活中总有一些内容是无法或者不宜以善恶评价进行规定的。如果将社会生活等同于道德生活,认为社会生活就是追求道德价值的生活,不但缩小了社会生活的范围,而且容易陷入"泛道德化"而使道德规范发生越位。

2. 网络道德生活

网络道德生活是道德生活在网络场域中的展开。道德生活与网络道

---

① 高兆明:《道德生活论》,河海大学出版社,1993,第12页。
② 易小明、李伟:《道德生活概念论析——兼及道德与生活的关系》,《伦理学研究》2013年第5期。

5

德生活是一般与特殊的关系。道德生活作为一种社会生活，必然需要一定的活动场域。网络为人们的道德生活提供了新的活动场域。网络道德生活在虚拟的网络空间开展，但并非一种虚拟的道德生活，道德生活的本质和基本规范并没有发生质的改变。因此，本质上，网络道德生活并非一种全新的道德生活，对于它的研究和认识，始终不能脱离现实道德生活和道德规范，否则会造成网络道德生活与现实道德生活的脱节，形成线上线下两套规则、两个标准，不但不利于网络社会的良性发展，甚至会反向影响和破坏现实的道德生活，引起人们道德上的困惑和迷茫，引发社会伦理生活的混乱。但网络创造了一种新的生活方式。新的生活方式与新的生活是有区别的，人们在生活本质不变的情况下，生活方式完全可以有新变化。因此，对于网络道德生活的认识，既不能脱离现实生活，又不能拘泥于现实生活，而是要在充分了解网络社会的基本组织架构的基础上，来认识网络道德生活的本质和基本内容。

要注意区分"网络道德生活"与"网络道德"的不同含义。"网络道德"一般是指对人们网络行为的善恶评价，是人们在网络活动中应当遵守的道德准则。而网络道德生活并非网络道德的集合，它的含义要比网络道德广泛得多，不仅包含人们对网络场域中行为的道德评价，还包含了一切在网络场域发生的道德评价活动，以及网络社会生活中一切能够进行道德评价的内容。

第二节　网络道德生活的特征

1. 网络道德生活的现实性

现实道德生活是网络道德生活的基础和来源。网络道德生活与道德生活是一般与特殊的关系。既然网络道德生活是道德生活在互联网上的延伸，它就必然与现实道德生活一脉相承、息息相通。道德规范作为分辨善恶的尺度，从原始社会开始就是维护社会正常秩序、维持社会生活有序进行的基本保障。随着人类社会的发展，道德规范虽然有所发展和变化，但人类对于善恶评价的基本标准充分反映了人类社会实践的一般规律和基本需要。那些在社会历史中得以传承的道德规范，都是经过人类实践证明能维护社会有序运行的，因而在不同历史阶段具有继承性和普适性，对人们在一定历史条件下的行为具有普遍的规范意义。在当代社会，这些规范所约束的行为不但包括现实社会中的各种行为，也应当包括网络社会中的各种行为。网络作为人类生活的工具是虚拟的，然而网络道德生活并不是虚幻的，是现实社会生活的一部分。网络道德生活本质上不是一种新的生活，而是现实道德生活在网络上的延展。网络虽然在交往手段和交往方式上与现实社会有很大差别，但它并不能改变一定社会的生产关系，也必然要遵守在这种生产关系基础上建立起来的道德规范。因而，网络道德并不迥异于现实社会的道德，网络道德生活也绝不是新的生活，它以现实道德生活为基础，从现实中来，最终也会回归现实，在本质上与现实道德生活具有一致性。网络只是为道德生活提供了新场域和新的活动方式，没有改变人类道德生活的本质。网络道德规范也只是发展了现实社会的道德规范，或者在道德规范的约束方式上有所差异，但没有改变社会道德规范的基本准则。就像美国学者斯皮内洛在《世纪道德》一书中指出的那样，如果"把计算机技术的伦理学看作是独特的、与一般商业和社会伦理学不相干的伦理学，那就大错特错了……传统的伦理学可以提供足够的理论基础来处理这些新问题"[1]。

网络道德生活与现实道德生活价值指向一致。人类的道德生活虽然插上了网络的翅膀，然而道德生活的实质并未改变，人类遵循道德追求真善美的生活需求并未改变。在基本价值指向上，网络道德生活与现实道德生活具有一致性，追求真善美、公平与正义是网络道德生活与现实道德生活的共同旨趣。同现实道德生活一样，网络道德生活也是源于人们追求更美好生活的需要。网络本身就是人类实践发展的结果，它不但作为技术性工具极大地提升了人们的生活效率，满足了人们更多的生活需求，而且构建了一种新的生活方式，具备了独特的伦理价值和道德意

---

[1] 转引自李士群主编《网络道德》，北方交通大学出版社，2001，第 146 页。

蕴，诸如自由与平等、共享与互助、开放与兼容等伦理精神在网络社会生活中得以快速成长，扩展了传统社会的伦理空间，促使人类的价值观念、思维方式、伦理价值、社会心理等发生深刻变化。同时，在这一过程中，网络的虚拟性、开放性等特征也给道德规范的约束力带来挑战，虚拟身份使得人们的网络行为受到道德谴责和社会压力的可能性大大降低，人们网络交往的道德责任感弱化，极易导致网络生活中的恶行泛滥。追求道德的生活是人类发展的基本动力之一，网络社会只有追求更道德的生活才符合人类文明的发展方向。网络道德规范正是在这样的实践需要中逐步形成和发展起来，成为网络社会生活中的重要内容。

  网络技术的虚拟性并不能取代道德主体的现实性。道德是人的道德，人既是现实道德生活的主体，又是网络道德生活的主体，它与现实道德生活的主体是一体的。虚拟社会和现实社会之所以能够沟通，归根到底是依赖人的桥梁和媒介作用。互联网最深刻的影响不是发生在技术层面，而在于对现实生活中的人的改造和影响。网络上出现的各种伦理冲突，归根到底是现实的人的冲突延伸到了网络空间，这些冲突最终还是要在现实生活中才能得以解决。网络道德生活评价、调节、约束等功能的发挥，也最终要靠现实的人来完成。因此，网络道德生活的核心问题仍然是人的问题。如果把现实生活看作人的第一生存空间的话，网络的虚拟生活就可以看作第二生存空间，网络道德建设实际上就是避免这两个生存空间的冲突和割裂，实现这两个生存空间的和谐统一。从另一个角度讲，如果把现实生活看作物理空间的话，网络的虚拟生活就可以看作是电子空间。电子空间是虚拟的，它必须依附于物理空间才具有实在的社会内容。换言之，电子空间只是物理空间的一种拓展和延伸，承载的仍然是物理空间的内容。随着网络开放性的提升，电子空间承载的现实内容越来越多，更多的现实生活走进了电子空间，从而使电子空间的虚拟性与现实生活的实在性相互交织、难分彼此。从 2021 年开始爆发的元宇宙，更是要通过技术构建一个高度仿真物理空间的电子空间，标志着人类在电子空间的现实化道路上迈近了一步。网络道德生活的主体仍然是现实的人，网络道德生活所表现出来的仍然是现实的人的现实的道德关系，并不会因为网络空间的虚拟性而发生虚化。因此，对于网络道德生活的研究和认识，始终不能脱离现实道德生活和道德规范，否则会造成网络道德生活与现实道德生活的脱节，不但不利于网络社会的良性发展，甚至会反向影响和破坏现实的道德生活，引起人们道德上的困惑和迷茫，继而引发社会伦理生活的混乱。

2. 网络道德生活的虚拟性

诚然，网络道德生活与现实道德生活有着本质上的一致性，但我们也必须关注到网络道德生活与现实道德生活存在的差别。这些差别的存在使我们对网络道德生活进行专门的研究变得必要和可能。网络道德生活既源于现实道德生活，又不同于现实道德生活，这是由网络社会的特殊属性所决定的。虽然网络道德生活本质上是现实道德生活在网络上的延伸，但网络社会生活在信息组织、知识传播、情感交流的方式上与现实世界有着很大的差别。网络社会交往的虚拟性、多元性、符号化，影响和改变了传统社会中的伦理关系，这就决定了网络道德生活并不是对现实道德生活的简单映照，而是呈现不同于现实道德生活的面貌。网络道德生活的开展方式与现实道德生活有很大差异，这种差异绝不只是"道德生活上了网"这么简单，而是要经历道德生活的改造和重构。但网络道德生活的虚拟性并不是否定网络道德主体及道德活动的实体性和实在性，而是说虚拟化的网络环境影响了道德主体的认知、情感和行为方式，也影响了道德活动的评价机制、控制机制，使得道德生活呈现不同于现实道德生活的诸多虚拟化特征。

（1）道德实践的虚拟性。虚拟性是网络道德生活区别于现实道德生活的首要特征。网络道德生活的虚拟性并不是说网络道德生活是虚拟的，网络道德生活的主体是现实的人，网络道德生活的活动也是现实的实践活动。网络道德生活的虚拟性主要是指网络道德生活的实践环境和实践方式具有虚拟性的特点。

一是道德生活情境的虚拟性。网络空间是虚拟的数字空间，没有真实的、客观的、错综复杂的道德情景，有的只是以符号方式展示的虚拟情景，这与现实的道德生活有很大的不同。在现实社会中，人们的道德活动总是在一定的社会环境下开展的，在与周围的社会关系的互动中进行，道德观念在长期的社会化过程中逐渐内化于心。在这一过程中，人们通过眼睛看到的、通过耳朵听到的、通过感觉器官感觉到的各种信息都会刺激个体的道德情感，并激发个体的道德认知和道德意志。而网络社会的生存环境则是虚拟的，人们思想、情感、知识的交流往往不是面对面的，人们的感觉器官并不能感知到现实的刺激，而只是符号化的交流，社会生活复杂的、立体的、丰富多彩的内容被简化为简单的人机交流。正如麦克尔·沙利文·特雷纳所指出的那样，符号或图标"只是计算机里的虚拟世界，但我们像对待客观实在一样与这些图标进行交互"[①]。失去了特定道德环境的制约和影响，道德认知和道德判断的难度会大大增加，甚至会出现错误的认知和判断。

二是道德实践方式的虚拟性，网络道德实践具有匿名性、超时空性的特点。现实社会中人们的交往总是基于一定客体的生理和社会特征，在接触过程中可以感知到对方的面貌、精神、声音、表情、状态等现实的信息，并通过这种感知来调整自己的交往方式。而网络使人们隐蔽起来，戴上了各种面具，人与人之间的交流只有冷冰冰的符号，人变成了被抽去了现实特征的符号化的人。缺乏现实的感知基础，道德关系的随机性、不确定性大大增加，交往中的伦理冲突也更容易发生。而网络的超时空性又使得人们的道德实践发生时间和空间上的分离。时间和空间是社会生活的重要维度，同时也是影响社会生活开展的重要障碍。而网络的出现跨越了这一障碍，使人们之间交流的地理距离消失。这一方面大大拓展了人们的交往范围，另一方面也压缩甚至取消了人际互动所必需的时间和空间内涵。这样，网络行为不仅是在时间和空间分离的状态下展开的，而且是在空间和场所分离的场域中进行的，造成在道德交往

[①] 〔美〕麦克尔·沙利文·特雷纳：《信息高速公路透视》，程时端等译，科技文献出版社，1995，第212页。

中时间和空间的缺位。而脱离了一定时空的道德生活，其赖以生存的现实基础将会被模糊，道德生活的不确定性也因此大大增加。

（2）道德主体身份的虚拟性。道德是人的道德，人是道德的主体，现实道德生活中的人上了网就是网络道德生活中的网民。因而，本质上网络道德生活的主体与现实道德生活的主体是一致的。道德主体在道德活动中有一定的身份。道德身份，就是人们在道德生活中的角色和地位。一方面，它是指道德角色，即道德主体在道德生活中承担什么责任，享有什么权利；另一方面，它指道德地位，即道德主体在道德关系中享有什么资格，处于什么位置，具有什么道德价值。道德身份与社会身份既有联系又有区别。道德身份本质上也是一种社会身份，但道德身份是以道德规范为标准划分的，依据一定社会的道德标准，人们的道德身份就可以分为理想的人、高尚的人、模范的人、有道德的人、道德低下的人以及道德败坏的人等。这种评价是基于道德主体的道德品质及道德行为的善恶效果的，道德行为是个体通过行动向外界展示自己的道德品质，在道德身份确认中具有表征化的特点。而道德品质是道德主体的内在道德素养和道德觉悟，具有内在化的特点，外界只能通过道德主体的道德行为和表达出的道德态度加以评定，道德品质高的人道德身份也高。这就会造成道德身份与社会身份的不一致，社会身份高的人一般具有较高的社会地位，但不一定具有较高的道德地位，因此也不一定具有相应的道德身份。但社会身份与道德身份又是紧密联系在一起的，一些人为了维护社会地位、社会形象，会争取拥有与社会身份相一致的道德身份。

在网络虚拟环境下，人人都戴上了自设的身份面具，道德主体的自然状况、身份、地位都模糊不清。人们可以自设身份特征，也可以具备多重身份，不受限制地在各种身份之间进行切换。这使得人们网络活动的社会身份虚化，社会身份与道德身份之间的联结也随之发生虚化。网络道德身份的确认只能靠道德主体的网络活动进行，而网络活动的虚拟性、不确定性、不稳定性决定了道德主体难以形成稳定的道德身份，也很难对他人的道德身份进行确证，因此依据网络环境确定网络主体的内在道德品质变得困难。一些人会出现道德人格的分裂，在网上充当"键盘侠"，在现实生活中可能是一个道德低下的人。这种网上网下道德身份的巨大差异还可能引发人们自我认知的混乱。有些人喜欢在网络上戴着假面舞蹈的感觉，沉溺于虚幻的网络角色中不能自拔，他们往往在现实的身份认同上存在矛盾冲突，尤其是心理和身份认同尚不成熟的青少年，这甚至可能引发各种心理和社会问题。

（3）道德关系的虚拟性。人们在改造自然、改造社会的实践中形成了多种多样、多种层次的社会关系。在历史唯物主义看来，这些社会关系可以分为物质的社会关系和思想的社会关系。物质的社会关系是与物质生产活动直接相关的经济关系，是人类最基本的社会关系，也是形成思想社会关系的基础。思想的社会关系则是由物质社会关系所决定的、构成一定意识形态和上层建筑的关系。道德关系就是思想社会关系中的一种。所谓道德关系，是指以一定的经济关系为基础、按照一定的道德规范形成、通过社会道德生活表现的社会关系。它渗透在个人与自我、与他人、与社会以及群体与群体之间。

同其他思想社会关系一样，道德关系是主观性与客观性的统一：从主观上来讲，它受人们道德观念的支配，由道德主体来主观感悟；从客观上来讲，它体现了特定的生产方式和经济关系，本质上是一种特殊的利益关系，经济关系决定着道德关系中的基本原则和主要规范。但道德关系也具有相对独立性和一定的历史滞后性。任何社会都存在道德关系。在现实社会中，道德关系与其他社会关系相比最大的区别在于，它是以善恶为标准来连接，以道德信念、社会舆论和传统习俗的力量来维系的关系。道德关系因为同社会经济关系有着内在的连接，所以具有一定的稳定性与持续性。道德关系还是思想关系和价值关系的统一体：作为思想关系，它经由人们的道德认识活动而形成；作为价值关系，它通过人们的道德实践，以善恶的方式体现道德主体与道德客体之间的利害关系。

在网络上，道德关系发生虚拟化。网络上建立的道德关系，是脱离现实利益关系的社会关系，真实的人隐身在虚拟的身份之后，真实的道德关系也随之被解构。人们的道德关系不是在现实的经济关系基础上产生，而是在符号化的虚拟交流中构建。网络道德关系的这一特点具有积极作用，使人们的交往脱离现实经济关系的制约，摆脱功利化、世俗化的道德交往，能够跨越种族、阶层、宗教等各种现实障碍，交往过程更加自由、平等，情感交流更加坦诚。但道德关系与社会关系的解绑也会带来负面影响。首先，造成道德关系的稳定性降低。网络无中心、无界限的特点容易导致人们在网络上可以迅速地与他人建立起道德关系。这种速成的关系脱离了道德关系所依赖的社会基础，注定是脆弱和松散的，随时可能恢复到陌生关系。道德稳定性的降低会使人们在道德关系中的安全感和获得感降低，也使道德关系的约束力下降。其次，造成网络道德关系与现实道德关系的冲突。传统的朋友之间、夫妻之间、家庭成员之间、性别之间的道德关系，都有可能在网上被虚拟和颠覆。而网络道德关系又缺乏现实基础，这就容易导致网络社会建立的道德关系与现实存在的道德关系产生矛盾、分裂，造成道德关系的混乱与现实生活的困扰。

3. 网络道德生活的自律性

网络社会对主体的道德要求与现实社会具有一致性，除此之外，网络社会还有着平等、分享、自由等特殊的义务要求。因此，虚拟化的网络生产并不会造成道德责任的虚化。但网络社会的客观约束力减弱，人们履行道德责任主要靠内心的道德信念和良知，需要高度的道德责任感。道德责任是人们在一定的社会活动中对自己的行为选择所承担的责任和义务。它包含两层含义：一方面，指道德主体在社会生活中对他人和社会应当承担的道德义务；另一方面，指人们应当承担其道德行为的后果。道德规范就内含了对社会成员道德责任的要求，一个道德公民应该在其行为之前考虑到自身的道德责任，在行为之中认真履行自身的道德责任，在自身行为造成过失或不良后果后勇于承担自己的道德责任。

道德责任不同于法律责任，一般不具有社会强制性，但要承担道义上的谴责和舆论的批判，因此会产生某种不以人的意志为转移的客观约束力。

履行道德责任，主要靠内心信念和高度的道德责任感，正是道德责任感体现了道德主体将道德规范转化为内在道德追求的自觉和觉悟，因此道德责任感的高低是个体道德水平高低的重要衡量标准之一。道德责任感实质上是道德主体对自身所应当承担的道德责任"是什么"的感知，以及"为什么"要承担这些道德责任的内在认知，因此道德责任更多来自主观约束力。正是这种道德责任感给予了道德主体履行道德责任的理性支持和情感推动。一些人在现实社会迫于种种社会压力，尚能保持一定的道德责任感，履行一定的道德责任，而一旦上了网，脱离了外在约束，不需要自己的行为承担现实责任时，就会出现道德责任感的虚化。他们即使内心对网络道德责任有所认知，却缺乏履行道德责任的内在动力。甚至一些人恣意妄为，暴露甚至刻意夸大在现实生活中被压抑的内心阴暗面，故意挑战道德规范、冲击道德底线，暴露出道德责任感缺乏、道德自律缺失的底色。

道德规范与法律法规的最大区别在于，道德规范不是依靠强制力量推行的硬约束，而是依靠人们的内心信仰、社会舆论和传统习俗等发挥作用的软约束。这种约束一方面来自社会舆论、社会压力等他律，另一方面来自个体内心的道德信仰、道德责任、道德价值等自律。皮亚杰等心理学家将个体道德认识形成过程描绘为"无律—他律—自律—自由"的逻辑顺序。自律是道德发展的更高阶段，是对人的更高的要求，是人内心对自我的自觉要求，是灵魂的善。而他律在道德发展中也是必需的，是道德自律的重要补充。在社会群体中获得他人赞许、恐惧他人鄙视、害怕社会孤立，是人的基本社会需求之一。在面对面交流的现实社会，那些不道德行为将遭到社会谴责、唾弃和鄙视，会对当事人的社会声誉造成影响，甚至导致社会利益的丧失。为了避免面临这种社会惩罚，个体会极力避免采取不被社会认可的行为，践行社会认可的行为方式，因而他律是现实社会道德规范发挥作用的重要手段。在网络社会，道德的他律功能大大减弱。一方面，在网络匿名的保护下，不道德行为的实施者可以逃避现实的社会惩罚，所面临的外在道德评价的压力弱化。遵守道德规范更多依靠人们的道德信念和道德意志，自律成为网络伦理生活得以正常进行的主要保障。另一方面，在网络社会中，人们享有充分的平等与自由，人与人之间的关系更加虚幻和间接，人们对自己的行为享有更大的自主性，人们的主体意识和责任意识进一步被激发，主体意志和主体品格进一步得到锻炼。人们不仅要抵制来自内心的恶念和欲望，还要自觉抵制各种外在诱惑，这是对人们道德自律性的极大考验。

4. 网络道德生活的开放性

网络道德生活的开放性，指网络道德生活在道德规范、道德标准、道德价值等方面具有更大的包容性，在道德生活中存在多种道德价值的冲突、融合、互鉴等情形，具有更丰富的文化内涵。网络道德生活是人的需要、个性和自由得到充分尊重和满足的生活，是以自觉自愿的方式组织起来、以开放多元的方式展开的生活，也是多元道德相互尊重、相互包容、相互碰撞的生活。道德是与特定的社会生活密切联系的，虽然在追求至真至善上人类有着诸多道德价值上的一致性，但不同宗教背景、不同历史文化的国家，在道德规范的具体内容上有所区别。在现实的社会生活中，人们通过共同的道德实践、共同的历史文化传承，塑造共同的道德规范。网络开放性的架构打破了现实社会的各种隔阂，不同社会生活中的人们可以在同一个网络空间开展道德实践。网络空间成了不同社会关系下的人们共同的实践空间。人们的道德实践再也不用局限于特定的社会生活现实。网络道德生活的开放性与网络道德生活的主体多元性密切相关，主体多元性体现了开放性，而开放性也是主体多元性的基础。在开放的网络空间中，人们跨越了宗教信仰、风俗习惯、价值观念等给人类带来的交往障碍和理解隔阂，实现了多种道德价值的呈现和交流。同时，网络道德生活的开放性还打破了现实社会的政治结构、

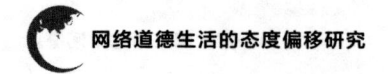

经济结构，消解了现实社会中的信息垄断，使得人们的道德生活呈现更自由、更平等的面貌，为人们的道德选择和道德判断提供了多种可能性和评价标准，但同时也极大地增加了道德风险，给互联网道德的监督和管理带来了困难。

第二章 网络道德生活的态度偏移

传统伦理学对道德采取"知情意行"四分法。将心理学的"态度"概念与系统论的研究方法引入道德研究,可以将个体在实践中对客体的评价倾向和反应倾向涉及道德规范的部分称为"道德态度",将道德行为视作道德态度的内心倾向与反应倾向的实践表达。由此,从心理运动过程的视角,道德就可以分为"道德态度"与"道德行为"两个部分,为道德分析提供了一种新视角。

第一节 道德态度

1. 心理学视野中的态度

态度(Attitude)一词源自拉丁语"aptus",从词源上分析包含两层含义:一是指适应、适合,指行为之前的主观的心理准备状态;二是指雕塑或绘画中人物外在的、可见的姿势,即一个人的物理准备状态。[①] 现代意义上的态度主要是从第一种含义出发,指一种行为的心理准备状态,因而对于态度的研究是从心理学开始的。如前所述,学者们对态度从不同角度进行了定义。第一位在现代意义上使用态度概念的研究者是英国的社会学家斯宾塞(H. Spencer),他认为态度是一种先于经验的观念或行事倾向。19世纪晚期,心理学家普遍将态度当作一种身体动作的表达或肌肉运动的反应。1888年,丹麦心理学家朗格(C. Langer)在有关反应时间的实验中发现,当被测试者心理上对需要做的反应有准备

---

① 谭咏梅:《青少年思想道德教育心理研究》,辽宁大学出版社,2008,第195~196页。

时，其反应速度将比没有心理准备的时候要快，朗格将这种预先的倾向或准备状态称作"态度"。他的经典实验后来被认为是涉及态度的最早的实验研究，为态度研究奠定了基础。后来，心理学家逐渐由内省概念转向态度概念，态度也成为心理学的一个专业术语，特指主体对客体的反应倾向的心理准备状态，决定着人们对客体的选择、对情境的体验、对行为的定向。虽然目前心理学、社会学等对态度概念的理解尚未取得一致，但绝大多数人都赞成态度的三要素说，认为态度是"外界刺激与个体反应之间的中介因素"，是"个人对特定对象以一定方式作出反应时所持的评价性的、较稳定的内部心理倾向"[1]。

  人的社会实践活动是不断对周围的世界产生认知活动的过程，因而是一个意识能动地作用于物质世界的过程。在这一过程中，人们会在认知的基础上对外部世界产生一定的态度。这种态度影响着人们如何去对待事物，也左右着人们如何去行动以及取得何种社会效果。因此，在社会活动中，人们都很重视他人的态度，总是想方设法了解彼此的真正态度，不仅依靠对他人的观察推断其态度，还根据其态度对后续行为作出预测。态度成为人们进行社会交往必不可少的联系纽带。人们也出于不同的动机（或出于社会责任，或出于自身的安全和利益）时时进行着各种各样的表态，并试图对他人的态度产生影响。态度不仅是社会交往的媒介，还综合反映了一个人对事物的理解、感受和应对倾向，因而是行为的先导。在现实生活中，我们很重视人们的态度如何，因为态度是一个人内心认识和内心情感的表现，是一个人发自内心的倾向性。把握了一个人的态度，就可以推断出他的价值观、思维方式以及可能采取的行为。态度只要表现于外，就能体现出一个人的内心状态和多方面的信息，它是预测行为的一种标志。因此，态度在生活实践中极其重要，通过态度研究对内可以分析个体的价值观和认知系统，对外可以分析个体的行为。要想改变人们行为的趋向，就必须设法去改变人们的态度。影响了一个人的态度，就可以借此影响他的价值观、认知系统，进而影响

---

[1] 时蓉华主编《现代社会心理学》，华东师范大学出版社，1989，第244~255页。

他的行为。态度在社会生活中如此重要，以至于我们社会活动中的诸多内容都围绕态度展开，例如，政治家关心选民的态度，因为它关系到人心向背；商人关心消费者的态度，因为它关系到消费者对该商品的接纳程度；教师关心学生的态度，因为它关系到学生内在的学习动机。媒体宣传、大众演讲、商业广告等，无非都是在用一定手段、借助一定媒介，以达到影响人们的态度进而影响人们行为的目的。态度将随着社会环境的变化而变化，但又不是机械地、必然地发生变化。它的变化或维持都遵循一定的规律。态度很早就成为社会心理学的重要研究领域，并在其中占据着中心地位，以至于托马斯（W. I. Thomas）等把社会心理学称为"研究社会态度的科学"①。

2. 道德态度的内涵

意识的能动性决定了，主体能够产生对任何客体的态度，而当这种态度涉及道德关系时，就是道德态度。道德关系是人们在道德生活中形成的人与人之间的关系。道德生活与社会生活、政治生活、私人生活等多种生活领域都有交叉，因而道德关系也与其他社会关系交织在一起，成为客观的社会关系的组成部分。社会生活中的个体必然生活在一定的道德关系中，其价值、认知、人格等都受到周围道德关系的影响。为了顺利开展社会实践，人们必须去认识和把握这种关系。在认识和评价这种关系的过程中，人们必然会产生某种心理上的倾向性，这种倾向性就是道德态度。因此，道德态度是人的道德实践的必然产物，是社会道德关系在个体内心的映照，这种映照因个体心理系统的不同而产生差异，使得道德态度具有了鲜明的主体特征。道德态度与态度是一般与个别的关系，或者说道德态度是一种特殊的态度。态度可以是个体对社会和自然生活中任何客观事物所持有的反应倾向，这些态度有的涉及社会道德规范，有的不涉及社会道德规范。涉及道德规范的那部分态度就是道德态度的研究范畴。态度是道德态度的社会心理基础，道德态度是态度在

---

① Thomas, W. I. & Znaniecki F., *The Polish Peasant in Europe and America*: *Primary-group*（University of Chicago Press, 1918), p. 31.

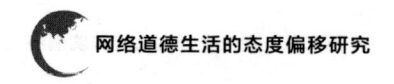

道德生活中的具体化。

当前，国内外学者对道德态度的研究大多包含以下内容：一是认同道德态度是一种在道德生活中表现出来的内心倾向，二是认同道德态度包含认知、情感、行为倾向三个要素。这些认识都延续了心理学对于态度的认识思路。笔者赞同道德态度的概念表述中包含以上两方面，但认为有必要区分"内心倾向"与"反应倾向"。虽然它们都属于心理倾向的内容，但在道德态度中的作用有较大差别，与外部世界的关系也存在较大差异。笔者认为，道德态度可以定义为道德生活中对道德对象产生的内心倾向与反应倾向，包含认知、情感、行为倾向三个要素。其中认知要素与情感要素属于内心倾向，行为倾向要素属于反应倾向。内心倾向是个体内心的心理运动过程，而反应倾向是个体内心倾向向外在表现转化的过渡状态。内心倾向是反应倾向的基础，而反应倾向是内心倾向发展的必然结果，二者前后相继，构成了道德态度的心理运动过程。这一道德态度的概念突破了传统道德研究"知情意行"的框架，强调认知、情感、行为倾向三要素在道德心理过程中作为一个整体系统而存在，并且三者存在功能差异。

3. 道德态度的分类

按照态度主导要素的差异，可以将道德态度分为情感型态度、认知型态度、行为定向型态度及均衡型态度。情感型态度与态度中的情感要素关系最为紧密，是主要由情感要素推动形成和激发激活的态度，表现为强烈的情感表达倾向。认知型态度与态度中的认知要素密切相关，在态度形成过程中，理性的认知起主要作用，有分析、联想、类比、评价等逻辑的过程，而无强烈的情感表现。这种道德态度更具有理性特征，也可以称之为理智型道德态度。行为定向型态度是主要由态度中的行为倾向要素决定和影响的态度。在有些特殊情况下，行为倾向要素还能够发挥主导作用，逆向影响认知要素与情感要素，但这并非一种稳定的道德态度形态。均衡型态度则是认知、情感、行为倾向三者共同作用形成的态度，三种要素在态度形成和发展的不同阶段发挥着不同作用。各个要素的强度不但与其性质有关，还与个体所处的发展阶段以及个体的心理特征有关。一般而言，心理成熟或者具备一定认知能力的人，更倾向于持有认知型道德态度；而心理尚未成熟或者相对比较感性的人，更倾向于持有情感型道德态度。

按照态度的指向性特征，可以将道德态度分为积极的态度与消极的态度。无论是积极道德态度还是消极道德态度，对行为都具有动力作用。积极的态度是指向肯定的、正面的、主动的态度，是激发积极行为和抑制消极行为的主要力量。消极的态度则是否定的、负面的、被动的、拒绝的态度，是激发消极行为和抑制积极行为的主要力量。

按照在态度系统中所处的地位，可以将道德态度分为基本态度和具体态度。所谓基本态度，是向中度较高，并且能够衍生出其他态度的态度，因为离对象较远而更具有抽象性，往往与道德价值有着更为密切的联系，在态度系统中处于支配地位。所谓具体态度，是向中度较低、对象性较强的道德态度。人的态度系统中不只有一个基本态度，而是针对不同对象有多种基本态度，而具体态度则更加复杂多样，构成了个体复杂的心理系统。

4. 道德态度的评价维度

道德态度的评价维度是对道德态度进行观测和分析时的基本向度，构成了道德态度的基本特征，不同的维度特征构成了不同道德态度的差异性。

（1）道德态度的指向，即道德态度的倾向性。个体对对象的评价一般会产生某种倾向性的结果，分为肯定的指向和否定的指向，包括赞同与反对、接受与拒绝、喜欢与厌恶等，这种指向性源自个体的内在认知系统或情感系统。态度的指向是了解和测量态度的首要指标，也是态度中显示度最高、最易被测量的内容。

（2）道德态度的强度，即态度倾向于某一指向的程度。出于各种原因，个体在某种倾向性上表现的强度并不相同，这导致了具有相同指向的态度产生强度差异。态度的强度越大，稳定性越高。在情境激发下，那些强度较大的态度总是最先从个体知觉系统中被提取出来，并有效克服反向信息的影响。即使是同一指向的态度，强度不同，态度也表现出较大差异，那些强度大的态度更容易激发相应行为，也更具有稳定性。道德态度的强度与道德态度构成要素的强度以及道德态度系统的运行状况等多种因素相关。

（3）道德态度的深度，即个体对特定对象卷入的程度和水平。个体对某一态度对象的评价倾向越强烈，其卷入程度越高，深度越深。深度涉及的是一种态度对个人的重要性的问题[1]，即一种态度对个体的价值。深度与强度可以是一致的，也可以是不一致的。在一般情况下，深度高的态度强度也会越高，但强度高的态度不一定深度高，即卷入程度常常表现为更高的强度，但影响态度强度的因素很多，在其他因素影响下，即使卷入程度不高，也可能产生强度较高的态度。态度的深度也决定了一种态度在得不到支持的情况下主体的挫折反应，深度高的态度在遭遇否定时挫折感也更强，这充分体现了情感要素在态度中的作用。例如，那些与个体自身利益关系更加密切的态度深度就更高，一旦遭到否定，个体会表现出强烈的反应。

（4）道德态度的向中度，即某种态度与个体整个认知系统的接近程度[2]，衡量方式是态度与个体核心价值的距离，距离越小，向中度越高。围绕个体的核心价值形成了态度系统，系统中的态度与个体核心价值的关系有远近的差别。一些态度是核心价值的直接表达，而有一些态度是核心价值的延伸。越是接近个体核心价值的态度，向中度越高。核心价值关系着个体的心理系统的稳定性，因此个体有保护核心价值以避免其被动摇和挑战的防御性倾向。向中度高的态度能够得到个体更多的保护，因而稳定性较强，强度也更大。例如，个体对于某种消费品的态度，虽然也受个体价值标准的影响，但影响较小，只涉及价值的表浅表达，因而也容易受到外界因素影响而发生改变。而个体对婚恋的态度就

---

[1] 金盛华：《青年态度研究的基本理论建构》，《青年研究》1994 年第 6 期。
[2] 阎力：《当代社会心理学》，华东师范大学出版社，2009，第 75 页。

与核心价值的关系更近,直接与个体的生活理念和价值目标相关,因而稳定性更高。高向中度的态度与行为的一致性也更高,因为高向中度与高强度紧密联系,态度转化为行为的内在动力较大。

第二节 道德态度的特点

格林曾说,任何态度都是假定的或者潜伏的可变事物,而不是瞬间可见的事物。[①] 道德态度也是如此,它不是对道德对象的暂时性的心理倾向,而是个体对道德情境和道德对象的稳定的反应倾向。道德态度综合了认知、情感、行为倾向各个因素,是个体在对道德对象进行评价和反应时的一种综合性心理表现。道德生活在社会生活中具有特殊性,情感因素在其中起着特殊的重要作用,道德生活评价的标准——道德规范也不同于其他社会规范,具有软约束性和模糊性。这使得道德态度相比其他态度,更具有评价性和情感性。

1. 道德态度的社会历史性

社会历史性是人类所有社会性实践活动的共有特性,道德态度也不例外。道德态度的社会历史性在于,它既是社会实践过程中客体作用于主体的客观结果,又是主体作用于客体的主观依据。在人类社会化发展的过程中,态度习得是重要内容。主体对于客体的接受与拒绝、喜爱与厌恶、赞成与反对等倾向,正是人被逐渐社会化而适应周围世界的结果。人对于事物的态度作为人类社会活动的产物,必然具有社会性的特征,脱离社会环境和社会生活,就谈不上任何态度。同时,道德态度一旦养成,就会促进个体社会性作用的发挥,反过来指导人们对社会性事务和他人的反应。正是在个体的道德态度与社会的道德生活的交互运动中,一个人的态度不断得以修正和成熟,整个道德态度系统由低水平向高水平发展。道德态度的社会历史性决定了其客观制约性,即道德态度

[①] Bert F. Green, *Handbook of Social Psychology*: *Attitude Gardner Measurement* (Lindzey, 1953), p. 335.

不是主体任意建构的,而是始终受一定社会历史条件制约和影响的。同时,道德态度所内化的道德规范具有客观性,反映了一定的社会历史状况。道德态度是在社会历史条件约束下、在客观社会实践中由主观建构构成的,其目的是实现主观与客观相统一。

(1)社会生活是道德态度形成的基础。亚里士多德曾经断言:"我们所有的德性都不是由自然在我们身上造成的……德性在我们身上的养成既不是出于自然,也不是反乎自然的。"[①] 道德态度不同于本能,不是由遗传获得的,而是个体社会化的结果;个体与生俱来的行为倾向不是真正的态度。道德态度形成的过程,就个人而言,是个体从不知到知、从知之不多到知之甚多、从不成熟到成熟的社会生长过程;就社会而言,是传承社会道德规范、伦理准则以及价值观念的基本途径。同时,不同个体的道德态度可以互相传习,在共同的社会道德关系中生活的群体借助这种传习就会逐渐形成群体的道德态度。婴儿刚出生时对于外界事物不存在态度,只是在特定的社会情境中,随着意识的出现、情感的丰富、经验的积累,才逐步形成各种态度。也就是说,个体是在长期的社会生活中,通过与社会环境的相互作用,受到各种社会性的影响,并通过自身与社会的双向互动,逐渐明确社会的道德规范和自己的道德角色,从零散的道德经验中将相同类型的特殊反应加以整合,逐渐具体化、个性化,才形成自己的道德态度的。培养个体良好道德态度的过程,就是将个体从道德观缺乏、自利倾向明显的婴儿发展成符合道德规范的社会人的过程。

道德态度的形成、发展和变化,一刻也离不开社会生活;道德态度的内容和表现形式都具有社会性的内容,道德态度某种意义上是社会道德关系的心理形式,本质上是个体对社会的态度、对他人的态度和对自己的态度的结合。没有一种道德态度是与他人无关的,是脱离了社会生活而独立存在的。它广泛地存在于社会生活中,从时间上来说,存在于一切有道德生活的社会形态;从空间上来说,存在于一切民族、地区和

---

① 〔古希腊〕亚里士多德:《尼各马可伦理学》,廖申白译,商务印书馆,2003,第36页。

国家。不同的社会生活环境是存在态度差异的重要原因。一方面，不同的社会生活环境会造成道德规范的差异。在阶级社会，不同阶级有不同的道德，社会道德规范体现了统治阶级的道德立场。同时，不同的历史、宗教、文化也会对道德规范产生影响。另一方面，道德生活是社会生活中具有道德意蕴、能够进行道德评价的部分，不同的社会生活造就了不同的道德生活，也形成了道德实践的差异。而道德态度是在道德实践过程中形成的。

（2）被社会接纳和认可的需要是道德态度形成和发展的重要动力。马斯洛认为，我们有强烈的名誉、声望、被认可的需要，而这些都必须通过社会生活依靠他人来给予，因此被社会接纳和认可的需要，是人的社会需要的重要组成部分。道德态度既然是社会生活的产物，必然与社会生产中产生的需要密切相关。道德态度的情感要素在道德态度中起动力作用，而情感源自需要，其中重要的需要就是获得社会的接纳与认可。

从本质上说，道德是一种社会意识形态，建立在一定的经济基础之上，以一定的规范调节人与人之间的利益关系。人类社会是关系的集合体，如黑格尔所说："我必须配合着别人而行动，普遍性的形式就是由此而来的。我既从别人那里取得满足的手段，我就得接受别人的意见，而同时我也不得不生产满足别人的手段。于是彼此配合，相互联系，一切各别的东西就这样地成为社会的。"① 在人与自然的关系中，主体通过实践活动将客观世界改造为属人的世界。在人与人的关系中，主体通过实践活动建立与他人的联系，获得群体的接纳与认可。

道德生活相对于其他社会生活的重要特点就是其特殊的规范性。道德规范与政治规范和法律规范相区别，不依靠权力机关强制实施而依赖自我信念和社会舆论，而是运用善恶、正义、良心、义务等范畴来认识、评价和调整人们之间的关系。道德规范本身就包含了有利于增进社会成员互助友爱、维护社会和谐稳定的基本价值。这些基本价值是道德

---

① 〔德〕黑格尔：《法哲学原理》，范扬等译，商务印书馆，1996，第207页。

态度的认知要素的重要基础。而道德关系的协调，内在地包含着个体与社会道德规范保持一致以获得社会认可的要求。个体只有形成与道德规范相一致的道德态度，才有可能获得社会群体中他人的尊重和信任，以保证社会活动的顺利开展。正是出于对偏离群体的恐惧以及对社会认可的渴望，个体会主动践行社会道德要求，据此形成自己的道德态度。社会生活具有发展性，为了适应社会生活的发展变化，个体持续调整自己的道德态度以期与社会环境保持一致，构成了道德态度发展的动力。

当然，道德态度的社会历史性并不意味着道德态度是对社会道德生活的机械反应和被动适应，道德态度始终是主体能动的、自觉的构建活动。不仅对社会生活的反映体现了主体特征，而且道德态度的形成和发展始终有着主体能动性的推动。首先，道德态度的认知要素在整合外来信息时，是基于自身的个性特征、认知特点、兴趣偏好等进行的，这为道德态度打上了个人价值取向、认知特点、性格品质等鲜明的个性化烙印。这就导致不同的人对于同一道德对象会有不同的道德态度。他们的道德态度可能方向迥异，即使方向相同，表现方式也可能各有不同。其次，道德实践本身就具有鲜明的价值选择性。道德态度养成虽然有被动依从的阶段，但归根到底是主体自知、自愿、自觉的活动，蕴含着主体的信念、情感和意志；是主体实现与环境的良性互动、实现自我价值的活动，是主体从自己的主观愿望、需求和利益出发，将社会和群体的道德规范整合为自己的内在反应倾向的过程。

2. 道德态度的主体性

道德态度养成过程是个体道德心理发生一系列变化的过程，是客观作用于主观的过程。这一过程固然离不开客观环境的影响，但也不能脱离个体主观能动性的发挥，具有鲜明的主体性特征。道德是人的道德，人是道德的唯一主体，道德活动始终是围绕人而展开的活动。道德态度的主体，是开展道德实践并在此过程中形成道德认知、道德情感与道德行为倾向的人。作为一种社会现象，道德规定了社会成员应该共同遵守的行为规范，而道德态度就是这种行为规范在个体内心的反映。因此社会道德规范是个体道德态度的内容，个体道德态度是社会道德规范的个性化表现。在道德态度养成过程中，个体不仅是道德行为依从的实施者、道德情感认同的承担者、道德认知同化的实现者，还是自我评价、自我监督、自我调节的力量。社会道德状况是个体道德态度状况的集合，社会道德水平的提升也离不开社会成员的共同努力。

（1）道德态度的主体性表现。首先，一定社会的道德规范具有普遍性，但道德规范在个体道德态度中的表现则是独特的、有差异的，是个体基于自身认知特点、性格特质而形成的反应倾向。不同个体对于相同的道德对象、相同个体对于不同道德对象，态度养成也可能表现出不同的特点，因此道德态度的一般发展过程不是绝对的。有的人在青少年期以后道德态度的发展就停滞了，只能在情感认同阶段徘徊，始终无法达到道德认知同化的水平；有的人可能反复多次才能完成全部过程。多种个性特征，诸如个性差异、欲望水平、需求状况、性别特征、既往经验、宗教信仰等，都会对个体道德态度养成产生复杂影响。

其次，道德态度养成的过程是一种特殊的主体认识活动，这种特殊性集中体现在个体依据自身的认知系统对道德规范进行的选择、评价和整合上。这是一个创造性的过程，表明道德态度对社会道德规范的反映不是被动的、必然的，也不是个体对道德生活的消极适应，而是个体付出主观努力、在道德意志的推动下实现的。这一过程既不是纯客观的信息迁移过程，又不是纯主观的自我演绎过程，而是客观道德信息作用于主观世界的过程，既包括了客观对主观的影响，又包括了主观对客观的改造。在这一过程中，个体需要不断地处理内外矛盾，不但要以坚定的意志克服来自内部和外部的各种干扰和诱惑，还要不断地进行自我反省、自我认知、自我观察，自我促进和自我提高。因此，这是一个主观创造的过程，是主客观相互影响的结果。离开个体的主观努力，不可能养成符合道德规范的道德态度。

（2）道德态度养成是主体价值实现的过程。一是主体通过推动一定的道德态度形成来实现与道德生活的联结。在道德态度养成过程中，虽然存在被动的行为依从过程，但这种依从也并非没有主观能动性参与的，归根到底仍然是主体自知、自愿、自觉的活动，体现了主体获得社会认可的需要，根本目的是顺利实现社会化，达到与环境的良性互动。一定社会的道德规范反映了社会公认的行为准则，个体要想顺利实现社会化，就要接受和遵从这种准则，并将它吸纳进自身的内心体系，用来指导自己的行动，使自己的行动符合社会的要求，获得社会的认可和接纳。在这一过程中，个体的道德行为逐渐从被动走向主动、从自发走向自觉，获得了"道德的人"的价值。道德规范作为一种社会规范，对社会成员的约束也只有转化为个体道德意识和道德品质，并付诸行动，才真正完成了使命。

二是主体通过推动一定的道德态度形成来实现价值构建。道德价值是个体核心价值的重要组成部分，但道德价值不是个体生而有之的，是在道德生活中逐渐形成的。在道德态度养成的过程中，个体从模仿道德行为，到理解道德情感，再到认知层面的理解道德价值，就是一个逐渐把握道德规范的价值与意义的过程。同时，类似的道德态度还可以凝聚起来，抽象为某种共同价值。因此，道德态度养成过程，也是主体的道德价值形成过程。而道德价值形成之后，则可以作为内在准则指导道德态度，决定主体的道德判断和道德选择。这就导致不同主体对同一道德对象会作出不同反应。主体对道德对象的反映不是照镜子式的复制，而是主体内在价值的一种表达，既是一个社会化的过程，也是一个个性化的过程，既有对社会共同意志的接纳，又有个体自由意志的张扬。

三是主体通过养成道德态度来推动自我的发展。道德态度的养成过程，就是个体在社会化过程中，从自己的需要、利益、价值出发，将社会的道德要求整合为自己的道德反应倾向的过程。这一过程充分体现着主体的能动性，也是在这一过程中，道德自我获得升华，道德品质得到提升，个体道德理想与现实道德自我之间的距离得以缩短。个体从功利性的"从众""服从"发展为主动的建构与行动，体现出在道德生活中的自由意志和自身觉悟，促进了个体以自我意志为依据的自我支配，并使其对自己的态度和行为负责，主体的尊严、价值、自由等得以发展。同时，这一过程也是个体发展与社会发展的统一。社会发展通过社会成员的个体发展予以推动，同时，个体发展也离不开社会的发展。如果只有个体的发展而没有社会的共同发展，个体的自由就无从谈起，个体的自我发展也是不可持续的；如果只有社会的发展而忽视个体的发展，社会的发展也会陷入虚空。因此，强调个体的自由自觉不是否定社会整体的发展性、统一性，社会成员个体道德的发展有利于社会整体道德水平的提升。

（3）道德养成的主体性体现了道德实践的主体性。从道德的本意来看，是服务人、约束人、发展人的活动，始终是围绕人的主体性展开的。道德不同于自然界的法则，自然界的法则是客观存在的，人只能认识它，不能改变它。而道德法则是人自己为自己立法，从道德的产生到发展无一不是在人的主体性推动下获得的。从道德活动的特点来看，道德实践是一种具有强烈主体性的活动，它同其他社会实践一样，是认识世界、改造世界的活动，但道德实践体现出更高的自觉性、主动性、价值性，主体的主观能动性在道德实践中发挥重要作用。没有主体主动的认知、内在的评价、积极的行动，道德实践就无法开展。道德作为人所特有的社会存在方式，其非强制性的特点决定了道德活动具有更大的自主性，需要更高的自我觉悟，承担着更崇高的实践使命，是人类主动追求更高尚生活的实践活动。道德态度集中体现了这种主体性，它不仅包含着主体对道德生活的理性的理解，还包含着主体对道德生活的感性的体验，以及对道德实践活动的心理指向，无一不体现着主体的内在自觉。

3. 道德态度的对象性

任何态度都是对特定客体评价的倾向和结果。道德态度反映了一种在道德生活中主体对客体的评价倾向，这种倾向不能脱离客体而存在。个体持有的任何道德态度都是指向某一具体对象的，同时，这种倾向总是与一定的目标联系在一起。一般情况下，个体的道德态度总是与其目标对象趋于一致。因此，道德态度不是抽象的、孤立的，总是跟特定对象联系在一起的，不存在超越具体对象的道德态度。这是道德态度与道德价值、道德意志、道德情操等道德心理活动的重要差别。道德态度的对象性决定了道德态度是现实的而不是抽象的，是实践理性的而不是抽象理性的，是具体的而不是泛化的。道德态度的对象性与社会历史性是相互结合的，道德态度指向的对象是具体的社会历史活动中的对象，是社会性的存在。

（1）道德态度的具体性与多样性。道德态度是具体的，并非指道德态度所指向的对象是具体的。道德态度指向的对象，可以是具体的人、事件、现象，也可以是抽象的道德观念、道德价值、道德关系，这些对象的共同特点就是具有客观实在性，是不依赖于主体意志而存在的客观实在。道德态度指向这种客观性，并以主观的方式反映这种客观性，从而实现主观与客观的联结。道德态度的具体性，主要是指道德态度有着明确的针对性、指向性，不是抽象的和泛化的。道德态度和道德价值观的主要差别在于，道德价值观处于抽象水平和概括水平，超越了具体对象而涉及行动的标准和目的；而道德态度是在道德价值观的指导之下，针对道德生活中的具体对象的反应倾向。因此，道德态度是对道德价值观的具体化，是道德价值观在道德生活中的表现。

道德态度的具体性决定了道德态度必然是多样化的，因为道德态度所针对的道德对象是千差万别的。道德态度的多样性与道德对象的差异性密切相关，针对不同对象的道德态度必然具有不同内涵与不同特征。这种差异来自道德态度对象本身的复杂性和差异性，以及道德生活的多样性和可变性。因此我们不能抽象地评价某人的道德态度是"正确的"或者"错误的"，只能说他针对某一对象的道德态度是"正确的"或者"错误的"。即使在同一道德价值观影响下，个体也可能对不同对象表现出不同态度。例如即使同样受"友爱"道德价值观的影响，个体可能对志愿服务持积极的态度，但对无偿献血却持消极的态度。道德态度的对象性说明，个体的社会化过程就是持续地为具体的道德态度提供准备对象的过程，而在某一事物或对象的触发下，集中表现为特定的道德态度。同时，正是道德态度的对象性，促使它能够对道德行为产生直接的驱动作用。

道德态度的具体性要求我们，在分析一种道德态度时，必须指出该态度所针对的对象，要从对象的客观特征出发对道德态度进行考察。道德态度的具体性也决定了，当道德对象发展变化的时候，道德态度也必然随之发生变化，因此道德态度具有随对象而演变的特征。与道德态度相比，道德价值、道德意志、道德情操与个体的核心认知系统联结更紧密，一般不针对具体对象，体现为鲜明的、稳定的、抽象的个体人格特征。

（2）道德态度的层次性。道德态度是针对具体对象的，而道德对象不仅是多种多样的，而且是变化和发展的，这就导致个体的态度必然是数量众多的。道德态度只是针对各种道德对象所产生的态度的总称。个体道德态度的数量还会随着社会实践的深度与广度的拓展而进一步增加。因此，个体所具有的是一个庞大、复杂的态度体系。

众多的道德态度在个体内心系统不是杂乱无章地存在，而是形成了"态度—态度丛—态度群"的三级结构。在整个态度体系中，高层次的态度支配、调节低层次的态度，如对国家、社会的态度会决定对集体、他人的态度。一些单独的道德态度可以聚集起来，形成态度丛，聚集的依据主要是态度对象在性质、特征、领域等方面的相近性。因为对象相近，这些道德态度也具有某些共同特征。态度丛的形成有利于个体简化态度提取的过程。对于陌生的对象，个体可以从已有的态度丛中进行比对，将已有的态度与对象进行匹配，提高了态度形成的效率。一些具有相近价值的态度丛还可以进一步聚集，形成态度群。不同于态度丛以对象特征为聚集依据，态度群则以价值特征为聚集依据。

道德态度的层次性提示我们，对一种道德态度的认识必须从道德对象、道德价值、道德认知、道德情感、道德行为倾向等要素入手，从一种道德态度到另一种道德态度的横向推导路径是不可靠的，因为态度之间的关系并不确定。然而，这种态度之间的关联推导也并非完全不可能，如果能有效筛选那些处在同一态度群内的态度，我们可以从彼此的价值关联上进行推导，从一种已知的道德态度推导出一种未知的道德态度。处于同一态度丛的道德态度之间也可以互相佐证。例如，如果一个人对于慈善捐款的态度是积极的，我们可以推导出他很可能对志愿服务的态度也是积极的，因而这两个道德态度背后有着相同的道德价值，即"服务社会"的价值。

参与社会生活的程度越深，社会实践活动范围越大，态度丛与态度群也就越多。而态度丛或者态度群凝聚或者抽象的结果，就是某种道德价值观；价值观的数量比道德态度少得多，一种道德价值观可以表现为一系列道德态度，多个道德态度也可以凝聚为同一个道德价值。道德价值是个体价值系统的重要组成部分，而价值系统处于个体心理的核心地位。不同态度群因其所蕴含的道德价值与个体核心价值的关系不同而处于不同地位。接近核心价值的态度群具有更高的向中度和强度，因而在态度系统中具有支配地位，能够决定其他态度，并且更容易被道德情境激活而形成行动。处于边缘地位的态度群的强度和稳定性则相对较低。

（3）道德态度的关系导向。道德态度的对象性决定了，道德态度是以构建主体与对象之间的关系为目标的。道德态度的认知、情感、行为倾向三个要素体现了个体与道德对象之间的三种关系形态：事实关系、价值关系与实践关系。事实关系指个体与道德对象客观存在的联系。这种关系具有客观规律性，道德认知就是对这种规律性的认识和抽象。价值关系指道德对象对个体的意义和作用，这种关系围绕主体展开，与主体密切相关，道德情感就是对这种关系的内心评价。实践关系是主观见之于客观的关系，强调主体对客体的作用以及客体对主体的反作用，道德行为倾向就是建立这种关系的重要环节。认知要素与情感要素既有客体对主体的作用，又有主体对客体的反映，体现了以客体为中心以及以主体为中心两个维度的主客体关系表达。行为倾向要素则体现了主体对客体能动的反作用。

三种关系分别反映了个体在道德实践中所遇到的三个基本问题："是什么""为什么""干什么"。认知要素以抽象的、概括的、理性的方式反映个体对道德对象"是什么"的认识，是对道德对象客观规律性的主观反映，着重追求主观与客观的一致性。情感要素以直观的、体验的、非逻辑的形式反映个体对道德对象"为什么"的评价。这里的"为什么"不是指原因，而是指目标与意义，即道德对象对于道德主体的价值性，更侧重于主观对客观的评价性和选择性。道德行为倾向要素以能动的形式反映个体对"干什么"的指向，体现了道德态度向道德行为转化的方向性，更强调主观见之于客观。对于事实关系，个体只能认识它、理解它、利用它，而不能否定它、改变它，因此，道德客体在关系中处于中心地位，体现了世界的物质性。对于价值关系，个体能够依据自身的价值进行判断，个体可以塑造它、改变它、影响它，是围绕主体建立的关系，充分体现了意识的能动性，彰显了主体的生存与发展始终是一切价值关系的根本目标。实践关系则体现了主体与客体在实践中的统一，是主体与客体互动的过程。

道德态度的关系导向凸显了道德态度与其对象之间的相互作用：道德态度反映道德对象并作用于道德对象，道德对象影响道德态度。在道德生活中，人们先要通过道德认知建立与道德对象的事实关系，继而通过道德情感产生对道德对象评价的价值关系，再依据事实关系和价值关系的把握形成行动的倾向，即形成实践关系。这是道德态度系统运行的内在逻辑过程。三种关系在道德态度系统中密不可分：事实关系是价值关系的基础，价值关系依靠事实关系才能建立起来，价值关系是一种把道德对象同主体的生存与发展联系在一起的事实关系；实践关系是事实关系与价值关系构建的结果，表现价值关系的道德情感本质上也是一种特殊的认识活动，而表现事实关系的道德认知同样离不开价值关系，否则就成为冰冷的道德知识而丧失了实践意义；实践关系体现着主体的能动性，是主体创造新的道德价值的过程。通过实践关系，主体推动了主客体关系的发展，也促进了事实关系的深化与价值关系的增长。

4. 道德态度的内在性

道德态度的内在性，是指道德态度是个体心理活动的内部过程，无法被直接观察到而只能通过间接观测的方法。道德态度的认知要素是个体内在的认识活动，情感要素是个体内在的评价倾向。道德态度的行为倾向要素是个体对于行为的心理准备状态，虽然是指向外部世界的心理倾向，但仍然没有突破个体的内心世界。因此，整个道德态度系统都是个体内心的心理运动过程，属于主观意识的范畴。

（1）道德态度内在性程度的差异。从内在性角度进行区分，可以将道德态度区分为内隐道德态度与外显道德态度。所谓内隐道德态度，是指处于无意识水平、个体难以识别和判断的态度。内隐道德态度不是偶然的、随机的态度表现，同样是基于一定的道德实践、由一定的道德认知和道德情感决定，只是主体对这些实践、认知、情感等无法识别或者无法准确识别。这常常是由道德经验所形成的隐形认知和潜在情感所造成的态度倾向。内隐道德态度往往无法被主体有意识地提取，要靠情境来自动激活，并自动加工影响行为过程。也就是说，内隐道德态度是个体在长期道德生活中积淀的既往经验与既有态度在内心形成的无意识影响，这种无意识既包括主体对态度来源、内涵的无意识，也包括对态度存在的无意识，以及对态度影响心理过程和行为过程的无意识。内隐道德态度是构成道德态度体系的重要内容，会对道德行为产生较大影响。特别是在主体没有时间和条件进行充分考虑和理性判断的情况下，内隐道德态度往往能够被快速唤起而影响主体的道德行为，保障了主体对道德情境的及时应答。所谓外显道德态度，是相对于内隐道德态度而言的，它并非指显现在外部道德活动中的道德态度，而是指个体能够清晰意识到并加以主动控制的道德态度，具有较高自觉性。外显道德态度的经验、认知、情感都处于自觉水平，是个体内省、反思、评价等认知活动的产物，即处于有意识水平的道德态度。在主体能够进行理性判断的情境中，外显道德态度能够被主体主动运用，以控制道德行为和道德效果。

针对同一对象，主体可能同时具有内隐道德态度与外显道德态度双重评价。威尔逊（Wlison）提出了双重态度模型（Dual Attitudes Mosel），认为人们对同一对象可能同时具有两种不同的评价：一种是自动化的、内隐的态度；另一种是容易感知和观察的外显的态度。二者可以相同，也可以不同。格林沃德（Greenwald）在研究偏见时也发现，人们具有内隐的、可以被自动激活的偏见态度，倾向于将负面特征与自己存在偏见认识的对象联系到一起，将积极特征与自己认可的对象联系到一起。而在个体能够感知的外显态度层面，个体对不同群体是平等尊重、毫无偏见的。内隐道德态度可以被情境自动激活，而外显道德态度则需要主体付出主观努力、消耗一定心理能量、运用一定的道德意志加以促进，从此意义上，内隐道德态度更容易转化为道德行为。

道德态度一旦进入内隐层次，就具有相当高的稳定性，主体难以主动改变。而外显道德态度更容易被主体所控制，一些改变态度的策略往往只能达到对外显道德态度的改变，很难影响到内隐道德态度。但是内隐道德态度与外显道德态度共处于个体的心理系统中，并不冲突和矛盾。实质上，内隐道德态度是受着外显道德态度的影响的，往往只是外显道德态度的投射；外显道德态度强度越强，相应内隐道德态度的投射就越是稳固。主体并不会知觉到因为两种道德态度存在而造成的内心冲突，反而因两种道德态度的存在而使个体在面临不同情境时能做出更多选择。主体会自发选择两种道德态度中更易获取的那种：当主体能够清晰判断和理性认知时，首先会检索到外显道德态度，并以此为依据决定道德行为；当主体没有足够时间和能力对情境进行判断时，内隐道德态度会快速影响道德决策。需要强调的是，无论是内隐道德态度还是外显道德态度，都是道德态度内在性的表现，只不过在内在性的程度上有所区别。

（2）道德态度测量的间接性。道德态度是个体内在于心的反应倾向，是外部刺激与个体反应的中介因素。同其他心理活动一样，道德态度无法被直接观察和测量，只能间接进行测量。这就使道德态度的测定必须借助一些中间变量,而这些中间变量有时与道德态度的关系是不稳定的,或者这些中间变量本身是不可信的。例如设计一套问卷来测定学生的道德态度,问题的设计往往是要学生回答对于某种道德行为的态度倾向,而针对这种道德行为的善恶意义,学生是很容易根据社会经验加以判断的,这样学生为了使问卷达到让别人满意的效果,可以对自身的道德态度进行伪装,选择符合社会道德规范的答案。这种测量就很难真实反映学生的道德态度状况,测量的信度和效度将大受影响。因为内隐道德态度的存在,就连个体自身有时都很难准确意识到自己的态度,这一切都增加了我们了解道德态度的难度。

当前的态度测量主要以自测量表的方式进行。量表通过叙述性语句体现态度指向、强度、深度、向中度等差别,由主体进行选择,根据主体选择的答案判断其态度。态度的对象性决定了针对不同的对象要设计不同的态度量表,通用态度量表对于态度测量的作用不大。这是态度测量的一个难题,意味着当对象转变时,就需要设计新的量表重新测量。可以基于态度丛或者态度群设计量表,前提是必须正确划分态度丛与态度群,量表的设计既要体现态度丛或者态度群的共性,又要关注到态度丛或态度群中不同态度的差异性。这使得量表测量具有很大局限性。

道德态度测量还可以采取行为观察法,道德态度和道德行为之间有着密切的联系,而行为外显于社会生活,更容易被观察和判断,因此,从个体的言行举止和表情中可以间接推测其道德态度。但行为观察法要对某种道德态度与行为之间的关系有深刻的认识,因为道德态度与道德行为并非总是保持一致的,而且个体为了获得社会认可,可能对自己的道德行为进行伪饰,行为观察只有在道德行为由相应道德态度引发的情况下才有意义,而且在被观察者没有情境压力、行为自然和放松的情况下更加准确。

自由反应法也是测量道德态度的重要方法。这种方法是由测量者提出开放性问题,在不提供任何答案线索的情况下由被试作答,要求测量者具备较高的分析和把握能力,因为答案不具有标准性,测量者要对答案进行量化分析和质性总结。

情境投射法是心理测量的重要方法,也可以应用到道德态度的测量中,即设置一些不具有组织性的刺激情境,根据被试者在情境中不知不觉表现出来的行为及其倾向推测其态度。这种方法与行为观察法有相似之处,二者的差别在于,行为观察法是不预设情境的,而情境投射法通过设定情境来控制观察的结果。

5. 道德态度的稳定性

道德态度作为有明确指向、有认知基础并且受稳定的道德价值观支配的心理反应倾向,是客体的特性和主体既有的种种需求、习惯、经验、理念交互作用并建立较稳固联系的结果,一经形成就具有一定的一致性与连贯性。一致性亦即稳定性,指在不同道德情境中人们对同一对象的道德态度会倾向于一致。一个让人厌恶的道德行为,无论它在哪种场合出现,都会引起我们相同或接近的抗拒的态度反应(不是简单的情绪反应)。连贯性指时间维度上的持久性,即道德态度形成后,会在新的态度出现前一直保持不变。在一个人的全部态度系统中,总是一方面维持已有的态度,另一方面又由于新的社会要求与经验而逐渐改变一部分既有态度,使它们获得新的特征,从而使人们既保持个性的连续性,又保持社会适应性。道德态度的稳定性决定了它可以成为一个人对待道德生活的习惯性反应,久而久之便成为个体人格特征中的重要方面,使人们对某些特定道德对象保持一种或强或弱的固定看法,表现出明确的倾向性。

道德态度具有稳定性,有以下几个原因。一是从道德态度的内在构成来看,道德态度是在认知成分的基础上建立起来的,并且是个体道德价值观的具体表现。认知成分与个体的价值系统密切相关,在人的心理系统中处于核心地位。为了维护内心系统的安全和稳定,个体的认知系统需要保持较高的稳定性,在认知基础上建立的道德态度也必然要具备一定的稳定性。二是道德态度系统是错综复杂的,一个道德态度的改变可能引发道德态度系统的整体失衡。已经形成了的道德态度会在态度丛和态度群中发挥潜移默化的作用，对相似或相近的事物、对象表现为态度上的一致性。要改变一种道德态度，就要涉及整个或部分态度群的改变；越是接近核心价值的道德态度，其改变对整个道德态度系统的影响越深远。只有维护道德态度的相对稳定才能维持整个道德态度系统的相对平衡。三是个体具有自我防卫性。为了防止新态度对个体核心价值的挑战以及对自身认知系统的破坏，当面对道德态度改变的压力时，人们首先的反应不是直接去改变态度，而是采取笼统拒绝、贬损来源、歪曲信息等自我防卫策略，尽力维护个人的原有态度，拒绝受到别人的影响。这种自我防御反应将个体的道德态度系统保护在盔甲中，使它能够抵挡引发不稳定的各种因素，以保持时间上的连贯性和空间上的一致性。

道德态度的稳定性有利于个体更好地实现社会化。一是，道德态度的稳定性使个体能够更好地适应社会生活。相对稳定的道德态度使个体对道德对象具有一种较为固定的反应模式，并能够产生一定的行为惯性，使个体行为方式不会轻易因外界的干扰而发生改变，从而有利于个体在道德情境发生变化的时候仍然能够坚持基本的道德规范，也有利于个体对道德规则的顺应和同化。二是，道德态度的稳定性使道德态度的测量成为可能，同时也使通过道德态度来预测道德行为成为可能。如果道德态度是随情境变化的，具有随机性和偶然性，那么我们就无法判断个体在某种特定环境中的心理倾向，也就无法推断他可能采取的行为。例如，某人具有热心助人的道德态度，由于道德态度的稳定性，我们就可以推测他在绝大多数情况下会出现助人的行为，因此可以让他承担某些需要助人热情的工作，比如志愿服务人员。我们之所以可以做出这样的推论，是因为道德态度成为他人格的重要组成部分，会保持相对稳定。

道德态度的稳定性告诉我们，道德态度一旦形成将很难改变，因此在一开始态度尚未稳定、尚未形成的时候重视道德态度教育，培育符合道德规范的道德态度极其重要。但道德态度的稳定性是相对的，道德态度是一个具有社会适应性的开放系统。道德态度系统内部各要素紧密联系，其发展和变化都要符合道德态度系统整体的运行规则，对外在的影响具有排斥作用，从而保证系统的稳定。但道德态度系统的发展是开放的发展，是在与道德态度系统之外的社会环境的互动中获得发展的。这一存在方式又使道德态度培育过程总是处于一个开放的系统之中，不断地受到外在因素的冲击和影响。开放性系统是指能够与周围环境进行信息和能量交换的系统，始终与周围环境处于相互影响的关系中。系统只有具有开放性才能具有源源不断的生命力。道德态度系统的开放性保障了系统的持续发展。道德态度的形成过程本质上是人类自我发展、自我完善的实践过程，其根本动力来自个体实现社会化的需要，而这些需要具有社会历史性，将随着社会实践的发展而变化。需要的变化也必然会引发道德态度系统的变化。同时，社会道德规范也具有阶级性和社会历史性，不同阶级有不同的道德态度。社会道德规范是道德态度培育的基本内容，当道德规范发生调整后，也需要道德态度作出相应调整。新的道德规范对人们提出了新的道德要求，道德态度中的认知成分就要随之进行更新，从而打破了原有态度系统的平衡。在新的道德认知基础上，道德态度系统将会自行调节从而达到新的平衡，促使道德态度不断由低级向高级发展。道德态度系统不断从道德生活中输入信息，又不断输出对道德生活的影响，源源不断地产生新知、改造已有的态度系统。道德态度系统的这一特征决定了道德态度养成必须不断借助外在力量的影响，充实自身的内容，不断减少系统内部的不确定因素，使内部各环节之间在动态变化中能够不断优化结构，提高结构本身的平衡水平。即使已经养成了某种道德态度，当道德生活有较大改变，或者与该道德态度不相符的道德经验持续积累的话，仍然有可能改变个体已有的道德态度，产生新的态度。一些伤害性的经验甚至只需一次就可能改变个体已有的道德态度。例如如果某人一直有热心助人的态度，但因为一次扶起摔倒的老人而遭遇讹诈，并给自身生活造成了一定程度的损害，则此人助人的态度有可能会因受到重挫而发生转变。

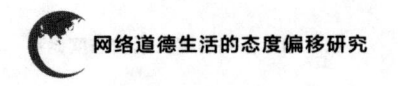

第三节　网络道德生活中态度偏移的特点

网络作为最大的舆论场，道德生活的舆论评价功能在网络上得以充分张扬。道德生活与每个人的生活息息相关，并且简单的善恶评价不需要专业知识，参与门槛较低，是人人都能参与、愿意参与的生活内容。网络道德生活中的群体态度偏移，是在网络道德生活中发生的群体态度偏移。在网络道德生活中的态度偏移现象中，道德议题是引发态度偏移的议题，群体讨论主要围绕道德评价展开。

1. 由道德评价主导

道德评价是"人们在道德意识的支配下，依据一定的道德准则，通过社会舆论或个人心理活动等形式，对道德行为所进行的善恶评判"[①]。既然道德生活是社会生活中有道德意蕴的部分，而道德评价是道德生活的重要实践方式，那么有道德生活的地方就有道德评价。道德评价虽然是由主体开展的，但不是完全主观地、任意地评价，其基本标准就是人们在实践中所掌握的道德规范。但因为道德规范具有"模糊性特征"，是"客观的社会要求与人们的主观意识的统一"[②]，人们即使对善恶的基本判断是一致的，但在善恶的评价程度上和评价方法上仍然会出现差异。而道德规范能够提供给人们的只是一个方向性的标准，而不是一个具体的方法、具体的尺度，因此人们在应用道德规范进行道德评价时，会受到自我道德实践经验、道德信念、道德价值观及所处的社会历史条件的影响。这就决定了，道德评价是非常复杂的，会出现不同评价主体之间评价价值和评价结果的差异。要求评价者对道德规范内容和意义有深刻的把握，有坚定的道德意志和正确的道德价值，能够辩证地理解道德规范的原则性与灵活性之间的对立统一，还要能够正确看待动机和效果之间的关系。针对同一对象，不同的人可能做出不同的道德评价，有

---

① 江万秀：《社会转型与伦理道德建设》，新星出版社，2015，第243页。
② 李萍：《论道德规范的模糊性》，《现代哲学》1995年第3期。

的道德评价则是颠倒了善恶关系，违背了道德规范的错误评价。因此道德评价正确与否，不但要看其是否符合道德规范的基本方向，而且要看其是否结合了具体的道德情境，是否合理把握了评价的范围与尺度。

作为推动道德生活的有效手段，正确应用道德评价对于提高社会道德水平有重要意义。在网络道德生活中出现的态度偏移，就是群体成员基于群体内部一致的道德价值、群体规范而出现的道德评价的态度偏移。在这一态度偏移的过程中，始终有道德评价作为推动力量，这是道德议题态度偏移与其他议题态度偏移的重要区别。这种态度偏移是一种趋向极端化的道德评价，它不仅表现在某种意见在数量上的聚集化，更表现在善恶评价程度上的极端化、非理性化，突出表现在夸大事件的道德意义，或者对事件进行过度引申和联想。由于网络社会的平等性，每个人都是评价的主体，享有平等的评价权利，这种平等评价权可能是这些网民在现实社会中所不具有的。出于对现实弱势地位的不满，在网络社会中进行道德评价时，一些人就可能将评价过程视作一个情绪宣泄的过程，滥用自己的评价权力，有意无意夸大和渲染一些事件的善恶价值。这样的网民聚集在一起相互影响，就很可能出现在道德评价过程中的态度偏移。这种道德评价常常掺杂有刻板印象、群体偏见，虽然其评价方向是符合道德规范的，也有着推动社会向好向善的良好意愿，但在评价方法上陷入极端化、简单化、非理性化。

需要说明的是，态度偏移现象中所出现的道德评价的极端化倾向大多数情况下并不是违反道德规范的，恰恰相反，在方向上是符合道德规范的，但在对道德规范的价值和意义的认知上、在道德规范与道德情境的结合上、在道德评价的方法和范围上出现了错误，呈现了极端化的倾向。因此道德议题态度偏移不仅是道德评价方法上的极端化，本质上是道德生活中认知上的极端化、情感上的极端化及行为上的极端化的综合表现。因此，道德评价的主观性与道德评价与道德规范在方向上的一致性并不冲突，态度偏移所进行的极端化的道德评价也并非都是违背道德规范的。即便是以维护道德规范名义开展的道德评价，脱离了特定的道

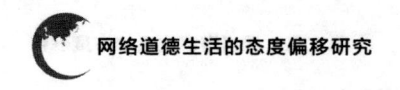

德情境、超越了合理尺度,也容易走入极端化的错误。

2. 体现出多元道德价值冲突

道德作为社会意识的组成部分,反映的是特定社会的经济关系,具有历史性和阶级性。道德的核心是道德价值,不同发展阶段、不同意识形态下的人的道德价值会有所差异。网络生活的多元化特征,容易导致不同生活背景下人们的道德价值冲突。道德价值冲突是在道德活动中,因为道德价值取向的不同,以及道德价值层次的不同而发生的善恶矛盾和对立状态。这种冲突包括善恶评价标准的冲突,大善与小善、大恶与小恶的冲突,道德评价的历史性、现实性、未来性之间的冲突,主体与客体的冲突,等等。[①]

网络社会多元性有着丰富的内涵,包括主体的多元性、内容的多元性、价值的多元性等,它是由网络的离散性、去中心化的特点所决定的。一是主体的多元性,是指网络道德生活的主体突破了阶层和地域的约束,包含了不同阶层、国家、种族、宗教的多种多样的人。在现实生活中,每个人的实践总是受到一定社会阶层、社会经济条件、社会角色、地域等的限制,实践的主体往往有着较大的一致性和较多的共同点。而互联网空间是一个无国界的电子疆域,这一空间突破了现实的时间和空间的限制,不同社会阶层、不同经济条件和不同文化背景下的人都可以便捷地被网络连接起来,同处于一个网络环境中。二是内容的多元性,是指网络的海量信息为社会生活提供了多种多样的内容。在现实社会中,由于信息传输途径的限制,我们接收到的信息是有限的,接收信息的周期也比较长。同时,现实社会的舆论主导性较强,人们往往接受的主流信息多、其他信息少。网络在信息提供的总量上具有传统社会不可比拟的优势,海量信息快速流动,更新周期短,开放程度高,这就大大改变、扩充和更新了人们社会化的内容。信息的方向也更加多元,包含了正向、负向的各种信息,甚至真假难辨,对主体的信息选择和判断力提出了更高的要求。三是价值的多元性,指网络社会活动中各种价

[①] 唐芳贵:《网络群体性事件的心理学研究》,中南大学出版社,2014,第53页。

值观都获得了平等的表达权，主流价值相对弱化，社会价值呈现多样化特征。在现实社会中，虽然基于生产关系的多层次性，道德也有不同的存在形式，但在特定的历史阶段、特定的社会，主流的道德价值处于支配地位，有着大多数人共同遵守的道德规范。而在网络社会，网络传播具有辐射式、无中心的分散结构，因为网络道德生活主体本身的多元性，必然将现实社会中基于不同种族、宗教、地域的道德价值带上网络，一些在现实社会中不居于主导地位的道德价值也得以在网络上平等表达，人们面临着多种道德价值的冲击和取舍。

网络传播是超时空、超地域的，然而网络上的人是生活在特定时空下、具有某种特定地域特征的。因而在网络上还会出现超时空性与时空性的冲突，网民来自不同地域、具有不同的文化特征和价值倾向，他们在进行价值评价时往往采取不同标准，却在网络上处于同一场域中。网络社会的多元性导致了人们价值取向的多元性，这种多元性在道德生活中的表现，就是道德价值出现多元性。多元的价值倾向必然导致多元的道德评价。加之一些人的价值观并不成熟和稳定，容易在光怪陆离的网络生活中发生迷失，道德判断力下降，难以把控正确的道德评价方向。为了和其他群体相区别，捍卫自身的价值观，在道德价值较为一致和统一的群体内部，容易发生态度偏移，通过态度偏移来增强自身价值观与其他价值观对抗的力量，而在群体之间的道德价值差异可能会加大，甚至出现较大冲突。

但在网络道德生活中，这种冲突并不会导致群际的明显分化。不同于文化议题、社会议题等其他议题网络讨论时常常出现的群体间意见对立性分歧、呈现多极态度偏移的状态，网络道德生活中的态度偏移常常呈现的是单极态度偏移，即全网意见高度一致，意见气候显著，强势意见突出。这是因为，道德议题不同于其他议题，道德规范是人们在社会生活中约定俗成、不需要系统学习就能够习得的规范，是不需要多少专业知识和技能、普通大众最容易掌握的评判标准，大多数道德议题善恶意义也比较明显，在评判方向上容易形成一致性，没有很大争论空间。

即使有零星的人持有不同意见,也不会形成规模,难以形成意见相左的对立群体。相反,面对强大的道德压力,一些不同意见往往选择沉默。所以,网络上道德议题出现时,往往是众口一词,大家同声赞美或者齐声讨伐。群体之间的意见差异更多体现在对道德评价标准的具体应用层面,以及对事件善恶意义和社会影响的评估方面。

3. 滞后性与超前性并存

道德作为由一定社会经济关系决定的社会意识,具有一定的独立性。这种独立性在态度偏移事件中表现为滞后性与超前性并存。这就出现了网络道德生活中超前性与滞后性的冲突,这种冲突常常在态度偏移现象中表现出来。

一方面,道德议题态度偏移具有滞后于社会存在的特点。所谓滞后性,是指一个现象与另一个密切相关的现象相对而言的落后迟延。在道德议题态度偏移中,这种滞后性主要表现在以下几点。首先,在社会存在发生变化后,这些变化反映到道德生活中需要一定的过程。道德规范是为了调节人与人之间关系而产生的规范体系,社会经济关系的变化传递到人与人的关系中,要经过多次的、复杂的、大范围的社会互动,还要经历社会结构的变迁以及利益关系的调整过程,而新的道德规范是在这一过程中逐渐形成的。这导致道德规范在反映社会现实上具有一定的滞后性。网络道德生活并不是凭空产生的新的道德生活,而是现实道德生活在网络上的延伸,现实社会的道德规范也必然对网络道德生活产生约束。现实道德规范的滞后性也必然会在网络道德生活有所表现。同时,由于现实生活与网络生活具有一定的差距,现实道德生活的网络转化也必然同网络社会发展的现实状况与发展要求有一定差距。其次,道德具有历史继承性。它不但源于一定的社会经济关系和历史条件,还源于一定的文化传统。相比于其他社会意识,道德的保守性和惰性更强,有时甚至出现排斥新的社会存在的倾向,旧的道德规范成为新的社会存在发展的阻碍力量。由于道德规范的滞后性,人们在运用道德规范进行评价时也必然会产生滞后性。道德议题态度偏移就常常表现为人们在面临新的社会现实与传统道德观念时发生的冲突。

另一方面，道德议题态度偏移具有超前性的特点。所谓超前性，指道德的理想性。理想总是高于现实和超越现实的。道德境界作为一种人类追求的高层次生活境界，道德往往指向超现实的理想生活。"道德不是现象的，而是反思的。它是对现实的评价性反应。故，他虽居于现实，却总是指向未来理想"[①]，道德理想往往超越了人们所处的社会发展阶段，趋向至善至美。它同人们理想中的道德生活联系在一起，而这种理想中的道德生活集中表现着理想化的道德关系与道德人格。这种理想道德区别于空想，是人们经过主观努力能够实现的道德，它的超前性是建立在现实性的基础上的，是推动人们的道德生活向更高层面发展的目标动力。超前性特征是道德规范区别于法律规范、纪律规范等其他规范的重要特征之一。网络的高度自由、开放，进一步激发了人们的道德自觉。网络社会的构成方式也打破了现实社会结构，使得现实社会中形成的道德关系滞后于网络社会发展需要，人们在网络上积极寻求更平等、更宽容、更网络化的道德生活，就社会现实而言，这种道德指向具有超前性。

---

① 高兆明：《伦理学理论与方法》，人民出版社，2005，第17页。

第三章 网络道德生活的构成要素

网络道德生活的构成要素由主体、客体、介体、环体构成，网络道德生活是各个要素互动的结果。网络道德生活的主体以群体的方式呈现，个体的网民以网缘关系组织起来，形成了一个个生活共同体——网络社区。网络道德生活的客体是道德议题，网络讨论围绕社会公德、职业道德、家庭美德等善恶意义重大的议题展开，在一定条件下群体讨论会逐渐出现道德认知、道德情感和道德行为倾向的偏移。网络空间作为道德生活展开的场域，既承担了道德生活的介体角色，又承担了环体角色，促使主体与客体实现了虚拟化的联结。网络技术的快速发展促进了网络平台互动性、传播性的提升，也进一步增加了网络场域态度偏移的风险性因素。

第一节 网络道德生活的主体：网络群体

主体（Subject）作为一个哲学范畴，是指"从事实际活动的人"[1]。人是实践的唯一主体。作为主体的人，不是精神、理性和作为唯一者的"我"，而是活生生的"社会历史中行动的人"[2]，是"社会化了的人类"[3]。主体可以是个体，也可以是群体，是处于一定的社会关系中，与客体相对应、相区别、相联系的社会认识活动和实践活动的承担者。互

---

[1] 《马克思恩格斯文集》第1卷，人民出版社，2009，第152页。
[2] 《马克思恩格斯文集》第4卷，人民出版社，2009，第247页。
[3] 《马克思恩格斯文集》第1卷，人民出版社，2009，第506页。

联网在人类实践过程中产生，同时也拓展了人类的实践空间。它既是人实践的对象，也是人实践的载体，是人在能动地改造世界过程中自我物化的成果。人们的网络活动不可能脱离人这个实践的唯一主体。网络道德生活的主体不是以个体的人存在的，而是以群体的面貌出现。也就是说，网络道德生活的主体是网络群体。网络群体以虚拟的网缘关系为联结，以离散化、多元化、网络化、立体化的构成方式组织起来。人与人之间面对面的交流转化是以网络为媒介的间接交流，现实的人转化为数字化的人。"网络人"既是现实的人的网络化，因而并不是虚幻的人，又可以是经过伪饰、改造、设计后的"虚拟的人"，与现实的人有着很大不同。网络群体由这样既真实又虚拟的人组成，他们来自现实世界，带着现实的问题、情绪、期盼，又模糊了现实身份和角色，这导致网络群体与现实群体差异显著，他们由多变的、不稳定的、随心所欲的成员组成，他们的成员借助网络协同过滤聚集到一起，有着比现实群体更高的群体认同感。这都为态度偏移的发生提供了土壤。

1. 网络群体的内涵

荀子指出，人"力不若牛、走不若马，而牛马为用，何也？曰：人能群，彼不能群也"①。社会群体是人所独有的个体组织方式，也是人类社会组织的基本形态。它不是个体在数量上的简单相加，而是在某种共同目标下通过社会互动结成的个体的集合体。这说明，一方面，共同目标是群体存在的基础。不是所有个体的集合体都能构成群体，例如在公共场所的人流、临时处于某一共同场域内的人群，虽然具有共同时间和空间的特征，但因为互相并不发生联系、没有共同目标，不能称之为群体。有了共同目标，群体成员之间就可以产生向心力，群体的凝聚力、认同感和归属感也随之产生。另一方面，群体成员之间的互动是群体的力量来源。群体的力量是巨大的，而这种力量是在互动中形成和实现的，正如马克思所说："劳动者在有计划地同别人共同工作中，摆脱了

---

① （唐）杨倞注：《荀子》，上海古籍出版社，2014，第98页。

他的个人局限,并发挥出他的种属能力"①,"单个劳动者的力量的机械总和,与许多人手同时共同完成同一不可分割的操作……所发挥的社会力量有本质的差别。在这里,结合劳动的效果要末是个人劳动根本不可能达到的,要末只能在长得多的时间内,或者只能在很小的规模上达到。这里的问题不仅是通过协作提高了个人生产力,而且是创造了一种生产力,这种生产力本身必然是集体力"②。这种"集体力"使得群体发挥出个体所不具备的功能与优势。也是通过互动,群体成员之间在认知、情感、态度上互相影响,形成了"我们"的群体意识。"这种共同的群体精神和群体意识也把不同的群体区别开来,使群体具有自身独有的特征。"③ 由此,群体可以定义为具有以群体互动方式体现某种群体精神和群体目标的个体集合体。

在群体中,个体的心理特征发生了某些变化,这使得群体心理与行为并非个体心理和行为的简单相加。一是个体在群体中会产生安全感。寻求安全感是个体社会生活的基本需求之一,个体独处时安全感较弱,对环境产生的威胁焦虑感更高,而在群体中,可以有更多人帮助个体抵抗外来的威胁,使个体的安全感获得明显提升。这使得人们在群体中敢于采取单独时不可能或者不敢采取的行动,更倾向于以集体的力量去冒险,风险的结果也可以由更多人分担。二是个体在群体中会产生归属感。情感需求也是人的基本社会需求之一,个体希望在社会中与其他人建立情感联系,获得他人的情感认同和情感支持。群体是以成员间的情感关系联结起来的,在群体中人们可以互相帮助、互相扶持、互相关心,满足了人们的情感需求。三是个体在群体中会承受群体压力。群体目标和群体规范对每个群体成员造成约束,背离群体规范意味着被群体谴责、孤立、惩罚甚至抛弃。因此群体成员将会感受到群体在态度和行为上给自己施加的压力,这种压力可能是明确的压力,也可能是群体成

---

① 《马克思恩格斯全集》第 23 卷,人民出版社,1972,第 366 页。
② 《马克思恩格斯全集》第 23 卷,人民出版社,1972,第 362 页。
③ 《心理学词典》,广西人民出版社,1984,第 90 页。

第三章 网络道德生活的构成要素

员因为害怕被孤立而主观臆想的压力。

网络诞生之初，只在军事领域或者科研工作者中使用，既不存在网络社会，也不存在网络群体。随着互联网在社会生活中应用的拓展，越来越多的人进入了网络世界，网络社会逐渐形成，人们通过网络建立起新的联系，于是一种新的群体——网络群体诞生了。互联网为人们的交往提供了更为便捷的途径，人们能够跨越时间和空间的障碍，迅速而便捷地找到志同道合者，并以网络社区的方式组织起来，构成一个个虚拟的群体。昝玉林将网络群体定义为"以网络为生存空间的群体"，是"数字化人的集合体"[①]。美国学者瑞高德认为网络群体是"许多人通过在网络媒介长期的公共讨论和情感交流形成的一种基于网络人际关系的社会聚合"[②]。笔者认为，网络群体是以网络互动为群体实践方式的群体，网络群体具备两个要素。一是由个体的网民组成。网络群体态度偏移的主体是参与网络活动的人，是网络社会生活中的网民（netizen）。网民的概念最早由米歇尔·霍本（Michael Hauben）提出，他认为网民广义上指一切网络使用者，狭义上则指具有社区意识的、相互发生行为联系的一群网络使用者。[③] 当前移动终端的发展，使得大多数使用移动终端的人都符合网民的概念界定，网民不过是现实的人在网络场域活动时的称谓。不同的是，现实中的人的活动是与一定的身份和角色联系到一起的，即身份在场的实然活动。而在网络上，人们隐身在虚拟的身份里，以数字、代码等抽象而虚幻的形式出现，"在互联网上，没有人可以知道其他人的真正面貌，知道他们是男性还是女性，或者生活在哪里"[④]。二是以网缘关系联结起来。传统的血缘、地缘、学缘、业缘等关系属于熟人关系，人们的社会生活主要通过这些熟人关系组织起来。而网缘关系属于典型的陌生人关系。美国计算机科学家尼葛洛庞帝将现实社会的信息交流称为"原子信息"，而将网络社会的交流称为"比特信

[①] 昝玉林：《网络群体：现代思想政治教育的新对象》，《思想理论教育》2005年第6期。
[②] Howard Rheingold, *The Virtual Community*, http://www.Rheingold.cam.
[③] 转引自雷跃捷、辛欣《网络传播概论》，中国传媒大学出版社，2010，第174页。
[④] 〔英〕安东尼·吉登斯：《社会学》，赵旭东译，北京大学出版社，2003，第597页。

息"，认为比特信息与原子信息的交流原则截然不同，"比特没有重复，易于复制，可以以极快的速度传播。在它传播时，时空障碍完全消失。原子只能由有限的人使用，使用的人越多，其价值越低；比特可以由无限的人使用，使用的人越多，其价值越高"①。因此，网络交流能够实现海量信息的快速流动，并且对信息使用者的数量没有限制。人们为了获得、交流和使用这些信息而汇聚到网络上，他们没有传统社会的各种现实联系，甚至身份都是虚拟的，但他们在信息交流的过程中频繁发生着联系，形成了新型的网缘关系。

2. 网络群体的结构特征

网民是网络群体的主体。互联网最早源于军事和科研运用，最早的网民是使用互联网的军人和科研人员。随着网络终端的平民化、上网成本的持续下降，以及网络使用便捷程度的提升，网民队伍迅速扩大，网络深入到了寻常百姓的生活中。网络对于社会各阶层民众是一个空前平等的表达平台，实现了话语权的大众化。但人们不会均等地使用这种权利，不同社会群体在网络平台上的表达欲望和表达行动并不均等。中国是全球最大的互联网市场，截至 2021 年 6 月，我国网民规模达 10.11 亿，互联网普及率达 71.6%，手机网民规模达 10.07 亿，手机上网比例达 99.6%。② 根据近年《中国互联网络发展状况统计报告》的数据，以及我国网络生活的实践，可以总结出我国网络群体的构成特点。

男性网民占比较高。我国网民的男女比例为 51.2∶48.8。③ 近年来，由于移动互联网的快速发展，女性网民占比在上升。尽管如此，从数据来看，仍然是男性网民占比略高。这种状况的出现，除了受到现实社会男女比例不平衡的结构性因素影响外，还因为男性与女性在参与网络活动意愿上有差别。男性技术应用能力相对较强，对网络技术应用的兴趣

---

① 〔美〕尼葛洛庞帝：《数字化生存》，胡泳译，海南出版社，1997，第 3 页。
② 中国互联网络信息中心（CNNIC）：《第 48 次中国互联网络发展状况统计报告》，http://www.cnnic.net.cn/，第 1 页。
③ 中国互联网络信息中心（CNNIC）：《第 48 次中国互联网络发展状况统计报告》，http://www.cnnic.net.cn/，第 28 页。

较大，而女性对网络深度接触的机会相对较少。另外，男性对得到社会认可的需求更高，更愿意加入群体来获得归属感和认同感，所以从关注的议题来看，男性对社会、道德、政治、国际等公共议题的关注度更高，愿意加入讨论并发表意见，因此更容易卷入道德议题的讨论中。女性网民对公共议题的参与意愿略低，在网络道德生活中，女性对于婚恋伦理等问题的关注度更高。

网民年轻化倾向明显。截至 2021 年 6 月，我国 30~39 岁网民占比为 20.3%，高于其他年龄群体；20~29 岁网民群体占比为 17.4%、40~49 岁网民群体占比为 18.7%。[①] 从数据来看，我国网民年轻化倾向比较明显。青年人思维活跃，情感丰富，精力充沛，乐于接受新事物。作为在互联网影响下长大的一代，他们的网络依赖度更高，网络参与的热情也更高，是各种网络社区的主要活跃群体，给网络空间带来了无限的生机与活力。但是，在他们身上存在一些矛盾的特质。首先，他们网络讨论热情高涨但社会经验相对缺乏，利用理性思维和辩证思维的能力不足，这导致他们的情绪很容易受群体氛围影响而发生态度偏移。其次，他们中的部分人更喜欢标新立异，偏好冒险激进，有挑战现实权威的逆反心理，喜欢通过一些非主流的言行彰显个性，乐于集群、起哄、围观，在一定程度上容易偏激和冲动，这些特质使他们更易成为群体态度偏移的参与主体。另外，他们激情有余但持续度不足，情绪容易引燃并很快高涨，易于被一些情绪化的言论煽动和利用，成为网络群体态度偏移中的盲从者和推动者。但他们的激情也很容易消退，注意点易发生转移。

3. 网络群体的活动特征

网络群体在网络活动中体现出主体性冲突。网络活动的主体性丧失，是指人们日益被符号和虚拟关系所操控，出现理性的迷失。人们之间不但没有现实联结，甚至不用面对面，而是以网络为媒介、以符号为手段进行交流。人们的社会特征被隐藏，人变成了隐藏在互联网后的数

---

① 中国互联网络信息中心（CNNIC）：《第 48 次中国互联网络发展状况统计报告》，http://www.cnnic.net.cn/，第 28 页。

字化的人。这种交流方式导致人们只能通过虚拟符号（而不是现实感受）来了解他人——那些帮助我们交流的表情、声音、神态、服饰、动作等都消失不见，人们通过虚拟符号想象着这些特征，而这种想象有时候并不真实。人与人交流的情境性语言消失，这会影响人们对信息的理解和判断。群体成员甚至可以拥有多种形式的符号存在，变成一个多变的、随心所欲的人。长期沉迷于这种交流，人们会混淆真实与虚拟的界限，出现虚拟自我与现实自我的分裂，现实的交流能力和交流关系会萎缩，"人可能被他们自己所创造的技术、符号及各种虚拟关系所控制、操纵"，导致主体性的异化和丧失。[①]

然而，这恰恰是自主性增强的结果。"网络世界的人虽然不得不受数字化程序的控制，但在人与人的关系上，每个人都绝对是自己的主人。"[②] 人们获得了在网上自主活动的自由，可以自由地选择身份、选择信息，而不再像现实社会一样，被动接受媒体的信息呈现，被动接受组织化的群体安排。这使得人们的主体性与能动性极大增强。所以，网络群体一开始就具有自我附加的主动性，不存在外界的强力控制，更具有自然而然的性质。[③] 在网络群体形成中，人们可以自由选择加入某个群体，也随时可以选择退出，具有完全的自主性。人们对自主选择的群体有着极高的内在认同度，因为从心理学上讲，人们总是有为自己的选择寻找理由的倾向。由自主选择的成员构成的网络群体也就有着更高的一致性和更强的凝聚力，群体成员无论是从认知上还是从情感上都发自内心地认同群体。这使得在群体内部更容易发生意见态度偏移。同时，网络在提供给人们充分的选择空间、海量的信息的同时，却没有同步提升人们的信息筛选和鉴别能力以及自我控制的意志。在花花绿绿的网络世界中，许多人不仅信息迷航，甚至自我迷失，分不清虚拟与现实、真实自我与虚构自我，而且虚拟自我的不断膨胀也会导致个人人格稳定性的

[①] 王学风：《论网络社会中人的主体性的丧失与提升》，《华南师范大学学报》（社会科学版）2002年第5期。
[②] 李萍、钟明华：《文化视野中的青年道德社会化》，中山大学出版社，2003，第208页。
[③] 李素霞：《交往手段革命与交往方式变迁》，人民出版社，2005，第172~173页。

降低。这使得在网络世界中，人们一方面自主性空前凸显，另一方面自我却逐渐迷失。

　　网络群体在网络活动中呈现层级性差异。网络虽然为参与者提供了平等的参与机会，是人人平等的活动场域，但由于每个人参与网络活动的能力不同，意愿、动机和方式也不同，在实际的网络互动中，仍然会形成不同的参与层级，产生网络社会的层级差异。这种参与层级不同于现实社会的科层制的组织方式，不是组织权力上的层级差异，而是一种话语权差异。一是网络深度参与者。他们上网时间较长，在网络上活动频繁，表达意见犀利，信息资源丰富，许多还有专业的知识背景和较高的社会地位，有稳定的网络意见表达平台和渠道，具有一定的话语权和号召力，往往会成为网络意见领袖。他们往往拥有大批的粉丝，意见的影响力更大。二是网络中度参与者。他们有充裕的时间和精力进行网络活动，活跃在各种网络平台。他们关注社会热点，既充当信息的传播者，又充当信息的接受者，通过论坛、跟帖、评论等形式踊跃发表自己的意见，是网民群体的主体。他们单独不具有影响网络舆论走向的能力，但他们常常因为共同的关注点而集结成群。一旦集结成群，他们就以集体的力量形成某种话语优势而有可能主导道德舆论走向。三是网络围观者。他们往往将网络视为信息获取的渠道，关注网络热点事件、浏览网络信息动态。但他们在网络上活跃度不高，网络活动方式主要是浏览、关注和围观，是网络上的"潜水者"。这些"潜水者"虽然长期处于沉默状态，但同样是网络信息的接受者，也可能以各种方式成为网络信息的传播者，在道德议题讨论过程中，他们可能被激活而成为态度偏移的推动者，其力量同样不可忽视。

　　网络群体在网络活动中呈现虚拟化程度差异。根据网络群体活动的虚拟化程度的不同，可以将网络群体划分为现实型网络群体与虚拟型网络群体。现实型网络群体是一种虚实结合的网络群体，是现实群体为了沟通方便、交流快捷而建立的网络群体。他们有的属于正式群体，如某种组织机构的工作群，也有的属于非正式群体，如好友群等。这种网络群体具有现实的关系联结，也具有比较鲜明的组织特征，群体比较封闭，只有经过组织认证和审核、具有某种组织特征的成员才能加入。这种网络群体成员的社会特征往往不具有隐蔽性，因此这种网络群体严格意义上只是现实群体在网络上的延伸，因而其群体目标、规范、结构、意识等都与现实群体保持一致，与现实群体的差别主要体现在活动场域与活动方式上。现实社会的管理是以一定层级组织起来的，现实群体在网络上的活动不会改变其现实的组织方式，也不会改变其现实的活动特点。

　　虚拟型网络群体是依靠网缘关系联结起来的群体。群体成员没有现实的关系联结，没有对应的现实群体作为依托，群体的生成与活动主要在网络上开展。网民在网络活动中往往会寻找志同道合者，他们或者情趣相投，或者目标相近，或者有类似的经历和情感体验，或者面临着共同的压力和矛盾。这些网民聚集到一起便具备了群体形成的基本条件，构成了一定的网络群体。群体的目标、规范、结构、意识都在虚拟化的情境中形成和存在，成员构成复杂，并且社会特征隐蔽。现实型网络群体具有鲜明的组织特征，而虚拟型网络群体不是依靠某种现实组织建立起来，而是依靠共同的兴趣爱好、共同的愿望追求、共同关注的问题等组织到一起，多数属于非正式群体，大量的群体具有临时性，因而组织特征不明显。尤其是那些因为共同关注的问题而组成的群体，当问题的关注度下降、问题得以解决后，群体联系的依据就会消失，群体也随之解散。这使得虚拟型网络群体具有不稳定的特征。另外，虚拟型网络群体不具有层级制的组织结构，群体成员之间的关系是开放和平等的，组织结构呈现扁平化特征，是真正网络社会下诞生的群体，也体现了网络社会的基本组织特征。这种类型的群体在网络群体中占据多数，在成员数量上往往没有上限所以规模十分庞大，在道德议题讨论中发生态度感染的风险较大。

　　网络群体在网络参与中呈现非理性的特质。网络自由性、平等性、匿名性等特点，使得人们在网络上的态度和言行比现实生活中更加偏激，群体非理性特征更加突出。这是因为，网络为网民提供了一个自由的表达空间，他们可以摆脱现实社会的一切规则和身份约束，肆意放飞被现实所压抑的本我，通过网络上的激烈言行来宣泄内心的不良情绪，却不用为此承担任何责任、付出任何代价。这样，在网络的掩护下，网民无意识人格压倒了有意识人格，理性判断力和自我控制力减弱。有些人甚至会发生身份上的分裂，一个现实生活中拘泥于一定社会角色和地位表现得温文尔雅的人，可能在网络上污言秽语、措辞激烈，甚至不惜用最恶毒的语言攻击和谩骂他人。这样的网民大量聚集，使得网络群体少思考、易冲动，言语偏激，甚至失去理智，形成集体性的情绪宣泄。一些网民网络参与意愿高而规则意识差，边界意识模糊，以看客、哄客的身份参与网络讨论，意识不到自身言行的道德影响和法律后果。在某一道德议题引发网络讨论的开始阶段，初期意见的倾向性对于舆论走向具有很强的导向作用，具有先入为主、先声夺人的定向作用。而初期意见常常是由网络议题的设置者、意见领袖等来表达的。如果这一道德议题具有某种群体情绪的触发点，在议题设置者、意见领袖的影响下，大量网民纷纷跟进，互相感染，群体情绪沿着原来设定的方向爆发，形成强大的舆论声势，而事情本来的真相、内在的原因往往会被忽略。群体被一致的情绪倾向左右，在争相表达这种情绪倾向的过程中，群体易冲动、少理性的特征被激发，逐渐走向态度偏移。

4. 网络群体的组织特征

网络群体形成了一个个生活共同体——网络社区，以社区生活的方式开展网络活动。在社会学中，社区一般指一种地域意义上的生活共同体。社区的构成，需要具备特定范围的地理空间、必要的社区设施、一定规模的社区成员、一定的社区成员互动，以及在此基础上形成的社区文化。网络社区是在网络上形成的生活共同体，但社区的分界不再是地理范围，而是论坛、贴吧、博客、群组讨论、无线增值服务等网络空间所呈现的不同形式。不同主题的网络空间形成了不同社区。

网络社区同现实社会的传统社区一样，也是一种生活共同体。但网络活动的特殊性决定了网络社区与传统社区具有很大的不同。一是传统社区的地理范围一般是指人们共同生活、居住的物理空间及其环境。在网络社区中，社区的活动空间是网络虚拟空间，包括网站的网址、域名以及网络社区的技术支持。二是传统社区的设施一般指社区活动所需要的住所、活动场地、服务设施和生活设施等。在网络社区中，社区活动设施是网络平台所提供的一定的功能、界面、服务及技术条件，那些功能多样、服务周到、运行顺畅的社区总是能吸引更多的网民加入。三是传统社区的成员往往以活动的地理范围划分，主要表现为一种地缘关系。在网络社区中，人们的社区划分是以共同兴趣为标准的，主要表现为一种网缘关系。社区成员即为一定网络空间的用户。四是网络社区与传统社区在成员构成上有明显的区别。传统社区的容量是有限的，而网络社区的容量近乎无限大。传统社区成员之间的互动主要是以面对面的方式进行，网络社区的活动则主要是以虚拟方式进行。由上可知，网络社区虽然在存在方式上与传统社区有一定差别，但具备了社区形成的所有条件。在此基础上，不同的网络社区还形成了各具特色的社区文化，包括社区的活动方式、交流方式、价值指向、运行规则等。

网络社区是网络群体道德生活开展的最主要场域，有网络论坛、博客、微博、即时通信群等。[①] 大多数网络道德议题发生在现实环境，或者因为某个不确定因素的偶然推动，或者是因为正好契合了网民某一时间段内的关注热点和情绪倾向，促使道德议题在网络空间形成。网络媒体、意见领袖、流量大 V 等议程设置者以连续发帖、鼓舞煽动、求转载、求支持、求置顶等方式大规模动员，网友大量点击、跟帖、转载，造成了舆论流瀑，公众情绪被点燃。加之网络媒体不断补充相关信息，舆论热度被进一步推高。在网络社区中，道德议题进行讨论中出现态度偏移的可能性也相应提高。一方面，现实空间的交流是在确定的时空环境下的面对面交流，人们难以刻意屏蔽掉不同意见者和不同类型的人，

[①] 即时通信（IM）是指能够即时发送和接收互联网信息的通信方式。随着互联网的发展，即时通信已经发展成集交流、资讯、娱乐、搜索、电子商务、办公协作和企业客户服务等为一体的综合化信息平台，我国即时通信业务影响力最大的就是腾讯公司开发的两款即时通信工具——QQ 和微信（Wechat）。

人们的交流也要遵循现实的伦理规范和道德要求。但是互联网技术可以让人们轻而易举地筛选人群，使自己只看到想看的内容，只听到想听的声音，只接触志同道合的人。因此，人们的错误会被放大而不是被约束、被阻止、被纠正。另一方面，现实的态度偏移通常首先是具有共同诉求的主体在特定时空的聚集，然后经过一定时间的组织、动员、讨论而发生的，因此要具备一定的时空条件，要经历一个较长的时间。而网络道德生活中的态度偏移则存在共同利益诉求群体迅速聚集、大规模讨论，态度感染快速爆发和传播等特点，并常常发展成为没有明确利益诉求、没有明确道德指向的集体无理性。

第二节 网络道德生活的客体：道德议题

客体是与主体相对的哲学范畴，是被主体感知到的并与主体发生联系的客观事物。客观实在性、对象性及社会历史性是客体的基本属性，其中，客观实在性是其首要属性。马克思指出："客体是自然"[1]，但自然并非全部是客体，只有进入人类实践活动范围、由自在之物转变为"为我之物"后，具有了对象性特征，才能成为客体。显然，客体以主体的存在为前提，没有主体，也就无所谓客体。但客体又是独立于主体的自在之物，是先于主体而存在的客观实在。这样，客体就具有双重关系——与客观世界的关系及与人的关系。议题，实质上是公众意见、认知、情绪所指向的客体，是舆论的对象。刘毅认为，"舆情的客体是公共事务"[2]。毕宏音则把舆情客体称为"中介性社会事项"，认为舆情的内容、主张、评价、态度等都是围绕中介性社会事项来表达的。[3] 王海等认为，刺激舆论生成的直接因素是社会公共事务的重大变动。[4] 网络

---

[1] 《马克思恩格斯选集》第 2 卷，人民出版社，2012，第 88 页。
[2] 刘毅：《网络舆情研究概论》，天津人民出版社，2007，第 58~59 页。
[3] 毕宏音：《影响民众舆情的中介性社会事项》，《广西社会科学》2004 年第 11 期。
[4] 王海、何洪亮：《中国古代舆情的历史考察——从林语堂〈中国新闻舆论史〉说起》，《湖北社会科学》2007 年第 2 期。

道德生活中的态度偏移是由特定议题引发的，议题属于人类认识和实践活动的社会客体。引发网络群体出现态度偏移的议题，往往集中反映了当前的社会问题和社会矛盾，能够引发公众的普遍关注和情感共鸣，如社会生活中的重大事件、社会生活中的矛盾冲突问题、涉及国家利益和民族情感的问题等。议题围绕道德问题的讨论展开，是人们以网络为场域对道德生活的审视和反思。网络社会是一个跨越国界的共生社会，不同国家、不同民族的人们共同生活在这一场域中，因此网络道德议题不仅局限于国内议题，国际议题也常常成为态度偏移的策源地。国际范围的道德议题仍然可以归入社会公德、职业道德、家庭美德三个领域的议题中，国际范围的意识形态斗争问题、国际关系冲突问题虽然也常常引发态度的偏移，但不属于道德生活中的议题，属于不宜用道德规范加以评价的问题，因此不是本书所探讨的范围。

1. 道德议题的内涵及特征

所谓道德议题，是具有善恶意义的、与人们道德生活密切相关的议题。其内涵广泛，不仅包含公平与正义、伦理与信仰等直接的道德议题，还包括人们在社会议题、政治议题、国际议题等其他领域议题中引申出的道德议题。道德议题的广泛性源自道德生活与其他社会生活的交叉性。道德议题从评价指向来划分，可以分为正向道德议题和负向道德议题。正向道德议题是弘扬道德榜样、赞美美德行为的议题，负向道德议题是抨击社会丑恶、揭露失德行为的议题。道德议题主要呈现如下特征。

（1）道德议题以善恶为评价标准。不同于法律议题以法律规范为评价标准、政治议题以符合多数人意志为评价标准，道德议题以善恶为评价标准。善与恶是伦理学中的一对基本概念，通常我们认为，善就是道德，恶就是不道德。马克思主义伦理学认为，善恶观念是意识对社会生活中复杂道德关系的主观反映，体现了一定社会经济关系和历史条件下人们的实践活动的基本要求和利益诉求。同其他社会意识一样，善恶观念具有时代性、民族性和阶级性。具体来说，善是对符合一定社会或阶级的道德原则和规范的行为的肯定评价；恶是对违背一定社会或阶级的道德原则和规范的行为的否定评价。它是在人们的社会生活中形成的，并随着社会经济关系和历史条件的变化而不断变化。① 因此恩格斯说："善恶观念从一个民族到另一个民族、从一个时代到另一个时代变更得这样厉害，以致它们常常是互相直接矛盾的。"②

这种善恶观念的变化就表现为善恶标准的变化。所谓善恶标准，亦称道德标准，是对人们进行善与恶的伦理评判的基本依据。在阶级社会中，不同的阶级对于善恶的评价标准是不同的，各个阶级都以自己的阶级利益和由阶级利益引申出来的道德原则和规范作为评价善恶的标准。③ 在马克思主义看来，只有符合社会发展规律和最广大人民群众利益的道德原则和规范才是判断行为善恶的客观的科学的标准。但在具体实践中，每个人道德评价标准的运用有一定差异，突出表现在对大善与小善、大恶与小恶的衡量上。网络道德生活中的态度偏移经常出现的情形，是不同群体在善恶评价程度上的差异，以及因为这种差异而发生的态度分歧。

（2）道德议题的评价是主观性与客观性的统一。善恶评价标准关乎道德价值，持不同道德价值的人其善恶评价标准是不同的。例如，康德哲学将先天善良意志作为评价标准，伊壁鸠鲁、斯宾诺莎、费尔巴哈等以快乐和痛苦的内心感受作为善恶评价的标准，而中国儒家伦理将"义"作为判断行为善恶的标准，苏格拉底提出"美德即知识"，奥古斯丁将是否符合上帝的意志作为判断善恶的标准，功利主义者又将利与害作为评价善恶的标准。在开放的网络社会，道德价值呈现多元化，评价善恶的道德标准也会呈现多样化。人们都是从自身的道德价值和道德认识出发进行道德评价的。因而对于道德议题的评价结果与评价者自身的道德素质和道德价值密切相关。许多人主观地以自己的好恶为标准，认

---

① 朱贻庭主编《伦理学小辞典》，上海辞书出版社，2004，第81页。
② 《马克思恩格斯全集》第26卷，人民出版社，2014，第98页。
③ 朱贻庭主编《伦理学小辞典》，上海辞书出版社，2004，第82页。

为符合自己好恶的就是善，不符合的就是恶。这就使得道德议题的评价更具有争议性，容易出现群体之间的意见分歧最终导致态度偏移。

虽然道德议题的评价具有主观性，同评价主体的道德认识、感受、体会与偏好密切相关，反映了个人的道德意识、道德情感、道德意念及道德理想，但任何社会都有着社会共同认可的伦理价值和道德标准。在我国，这种客观标准就是是否符合社会约定俗成的道德规范、是否符合最广大人民的根本利益。这一标准是不以个人意志为转移的，是当前我国对道德议题进行评价时的基本出发点和落脚点，是践行社会主义核心价值观、营造良好社会道德氛围的重要基础。

（3）道德议题的评价具有指他性。一些社会热点问题之所以能够引起社会广泛关注，是因为同群众利益密切相关，比如一些公共政策的问题、社会矛盾的问题等。而道德议题的鲜明特点，是与群体成员没有直接联系、事件发生在遥远的他人身上。越是远离自我生活，越能体现人们的道德优越感，因为超越个人利益的讨论能够提升个人自我价值的认知，也能够在网络空间树立良好的个人道德形象，从而得到社会认可和自我肯定。实际上，道德优越感是人们最容易获得的优越感。网民构成的草根化特点决定了更多网民是在现实生活中优越感不足的，需要在网络上获得道德优越感来弥补。

道德议题的他者指向还表现在，道德议题往往是对他人道德态度和道德行为的监督和评论，而不包括个体自身的道德内省。指向自身的道德审视是实现道德自律和道德修养提升的重要途径，而态度偏移中的道德审判则是将自我置于道德评价之外，将道德标准作为衡量他人的尺度，采取道德上"宽以待己，严以待人"的双重标准，容易导致各种打着道德旗号的针对他人的网络暴力，不但违背了社会和谐友爱的道德准则，还常常以不道德的方式去声讨不道德，在道德讨论过程中滋生了新的道德问题。

2. 社会公德类议题

社会公德（social ethics）也可以简称"公德"，是与私德相对的一个概念，指在国家、组织、集体、民族、社会等社会公共生活中应该遵循的基本行为准则。社会公德主要调节人类社会生活中最基本、最广泛、最一般的公共关系，维护最广泛的公共利益，协调个人与社会以及群体之间的关系；而私德则指向个人品德、作风、习惯等个人生活领域中的道德准则，主要调节婚姻、家庭、朋友等私人关系。在社会主义道德体系中，社会公德是涵盖范围最广的道德领域，也是维护社会公共生活有序、健康运行的最基本条件，对职业道德、家庭美德起着重要指引作用。社会公德水平是衡量一个国家文明进步程度的重要标志，也是国家软实力的重要组成部分。社会公德对社会发展起着重要促进或者阻碍作用：社会公德水平高，更容易形成互利合作的社会关系，社会运行效率提高，运行成本降低，促进社会良性发展；社会公德水平低，则会造成社会信任危机、社会凝聚力下降，社会治理成本也随之提高。社会公德具有一定的历史继承性。它是人们在历史发展过程中逐渐选择、积累和完善的结果，是文明传承性的重要组成部分。一定社会的公德要求总是体现出某种文化特征，体现出道德与社会风俗、历史传统、文化底蕴的融合性。

我国高度重视社会公德建设。2001年10月中共中央颁布的《公民道德建设实施纲要》[①]和2019年10月中共中央颁布的《新时代公民道德建设实施纲要》，都强调大力倡导、推动践行"以文明礼貌、助人为乐、爱护公物、保护环境、遵纪守法为主要内容的社会公德"[②]。据此，社会公德类议题关涉领域可以分为人与人的关系、人与社会的关系、人与自然的关系三个领域。一是人与人的关系。人与人的关系是社会成员之间的交往关系，要求人们要以文明礼貌、助人为乐为基本交往原则。中华民族是礼仪之邦，有着五千年的文明传统，形成了博大精深的礼仪文化，在社会交往中，保持文明的方式和礼貌的态度，既体现着一个

[①] 江南雨、刘思羽：《社会公德学习读本》，中共中央党校出版社，2001，第166页。

[②] 《新时代公民道德建设实施纲要》，中国政府网，https://www.gov.cn/zhengce/2019-10/27/content_5445556.htm。

人、一个民族的文明修养，也体现着一个社会平等尊重、互敬互爱的良好氛围。助人为乐既是中华民族的传统美德，又体现了社会主义道德的集体主义情怀，人与人之间互相帮助、相互支持，才能最大限度地减少内耗、凝聚力量，促进社会的持续发展。二是人与社会的关系。人与社会的关系是人在社会整体中所处的地位、所发挥的作用。马克思主义认为，人民群众是历史的创造者，人民群众是作为整体性范畴而存在的。每个支持社会主义的爱国公民都是人民群众中的一分子，要站在人民群众的立场上，不惜牺牲个人利益、局部利益维护人民群众的共同利益和整体利益。这体现在道德要求上，就是把遵纪守法作为道德底线加以坚守，保障社会的有序运行，同时要爱护公共资源和国有资产，体现出强烈的爱国意识和家国情怀。三是人与自然的关系。人与自然的关系是社会成员与自然环境的关系。人作为实践的主体，既来自自然界、依赖着自然界，又能动地改造着自然界。自然界是人类社会赖以生存的基础，也是人类社会可持续发展的保障，人们要正确处理向自然界获取资源与保护自然资源之间的关系，遵循保护环境的社会公德要求，讲究公共卫生、美化自然环境，合理开发资源、减少环境污染，保持生态平衡。这一公德要求对于我国这样一个人口大国具有重要意义，关系到我国的长期发展、可持续发展，涉及子孙万代的福祉。

  社会公德是公共生活的重要内容，社会公德类议题具有大众性与公共性的特征，因此在诸多类型的道德议题中，是更易引发态度偏移的议题。首先，社会公德议题的公共性决定了其易引发道德舆论。公共性是社会公德的基本特征。社会公德就是公共领域内人们共同生活的道德，公共领域是涉及人们共同利益的、具有广泛公开性的社会领域。人们参与的政治、经济、社会、文化生活都属于公共领域的范畴，因此，社会公德本质上是对于人们在公共领域中活动的基本道德要求。在社会的道德规范体系中，社会公德被视为对社会成员的最低层次的道德要求，社会公德水平如何，能够彰显一个社会的文明发展程度，也最能够引发人们的道德情感共鸣。那些冲击、挑战社会公德的议题，更容易进入公共舆论的视野。其次，社会公德议题的大众性决定了其易引发道德舆论。大众性是社会公德的另一个重要特征。社会公德具有广泛的公众基础，既反映了社会成员的共同利益，适应了人民群众的普遍要求，也是对所有社会成员的基本道德要求，需要人们共同遵守。大众性还表现在，社会公德既要求全民共同遵守，也接受全面的监督和评价，违反者将要受到道德舆论的谴责。社会公德的内容具有通俗性、简明性，是所有在社会生活中的人都能掌握、易操作的道德要求，往往不需要经历系统学习、做过多说明就能被人们理解和接受。同时，社会公德还涵盖大众生活的方方面面，与每个人的生活息息相关，又是普通人有可能、有能力参与的公共议题。由于社会公德有着明确的道德规范作为评价标准，往往表现出全网一致的意见倾向。这种高度一致的意见倾向容易导致在道德评价上出现偏移。

3. 职业道德类议题

职业道德就是人们在职业生活中应该遵循的基本行为准则，即某种职业中社会普遍认可、行业共同规约的道德规范。它不仅是个体道德修养在职业活动中的表现，也反映出一般社会道德在特定职业生活中的基本要求。因此，职业道德是社会占主导地位的道德规范或者阶级道德在职业生活中的具体体现，也是职业实践发展的结果。恩格斯指出："实际上，每一个阶级，甚至每一个行业，都各有各的道德"[1]，它源自人类生产力的进步和社会分工的发展。人类进入社会分工之后，职业分工越来越细化，职业生活成为人类社会生活的重要组成部分。特别是近百年以来，新兴职业不断涌现，职业分工越来越复杂、细密。不同生产关系下的职业道德有着特定生产方式的烙印，封建社会的职业道德带有等级统治的属性，资本主义社会的职业道德渗透了资本剥削和利己主义。社会主义社会的职业道德建立在公有制的经济基础之上，并以集体主义为基本价值导向，对历史上一切时代的职业道德进行了批判的继承。职业道德既是从业人员在职业活动中的基本行为准则，也是特定行业对于社

---

[1] 《马克思恩格斯选集》第4卷，人民出版社，2012，第247页。

会所负的道德责任和道德义务，具有协调社会关系、促进良好的职业风气形成、保障市场良性循环的作用。就职业生活内部来说，职业道德可以协调职工之间、职工与单位之间、单位与单位之间的利益关系，使它们相互信任、互利互惠，减少矛盾和纠纷。就职业生活与社会生活的关系来说，职业道德可以增进从业人员与服务对象之间的信任和理解，促进从业人员尽职尽责，更好地为群众服务，从而保证行业信用，促进行业发展。[1]

《新时代公民道德建设实施纲要》中明确指出："推动践行以爱岗敬业、诚实守信、办事公道、热情服务、奉献社会为主要内容的职业道德。"[2] 爱岗敬业是对工作的态度要求，要求做到对待本职工作满腔热忱、恪尽职守；诚实守信是对职业交往的道德要求，要求做到在职业活动中诚实劳动、恪守承诺，不弄虚作假，不隐瞒欺诈；办事公道是对服务对象的态度要求，要求人们在工作中公道正派，不偏不倚，公私分明；热情服务是对待人民群众的态度要求，要求人们在工作中听取群众意见、了解群众需求，体现了社会主义制度全心全意为人民服务的根本宗旨；奉献社会是社会主义职业道德的最高境界，要求人们的职业活动不能唯利是图、利益至上，而要自觉承担起一定的社会责任，当社会整体利益和单位利益、个人利益冲突时，能够做到顾全大局、甘于奉献。职业道德体现了一般社会道德的基本要求，不同职业在具体内容上更反映了特定职业的特殊要求，表明了特定职业的道德传统、道德习惯和道德责任，例如"师德"有着为人师表的特殊职业要求，"医德"有着救死扶伤的特殊职业要求等。这些具体的职业道德更具有鲜明的行业特征，是该行业长期实践过程中形成的道德习惯和道德传统，具有一定的稳定性和历史继承性。

4. 家庭美德类议题

家庭美德是人们在家庭生活中应当遵循的基本道德规范。它是一种

---

[1] 李海波主编《职业道德》，广西人民出版社，2014，第36页。
[2] 《新时代公民道德建设实施纲要》，中国政府网，https://www.gov.cn/zhengce/2019-10/27/content_5445556.htm。

特殊的人际道德，主要用于调整家庭成员之间的关系。家庭是社会的基本细胞，是人们社会化的起点，也是人们接受道德教育最早和最长久的地方。社会的发展变化能在家庭生活中微观地加以呈现，社会的道德发展水平也能在家庭道德中加以体现。家庭美德体现了特定的社会伦理关系，在不同社会所采取的标准有所差别。在封建社会，家庭成员之间的不平等关系体现了社会的等级制度。在我国封建社会，家庭美德标准渗透了尊卑有序、三纲五常的宗族家长制要求。在资本主义社会，虽然家庭成员之间具有平等观念，但家庭美德也受资本主义的个人主义和利己主义的影响。社会主义社会的家庭美德，是社会主义道德在家庭生活中的反映，微观地体现了社会主义道德的基本价值和基本准则。

新时代家庭美德的基本要求具体表现在以下几点。一是尊老爱幼。赡养老人、抚养子女，是家庭的责任，也是受到法律保护的家庭的基本义务，是保证社会正常运转、代代相传的基础。法律虽然规定了赡养与抚养的底线责任，但在赡养老人的过程中能够做到尊老敬老，在抚养子女的过程中能够做到尽职尽责，则是一种家庭美德的表现。家庭成员要对这种责任和义务有充分的认识，在履行义务时还要倾注真情实感，对长辈知道感恩和回馈，对子女知道关心和疼爱，做到生活上扶助、感情上关怀。二是男女平等。男女平等是社会主义道德区别于中国传统道德的重要内容。中国传统伦理是以男女社会地位和经济地位上的不平等为伦理起点的，形成了男尊女卑的社会秩序。社会主义社会实现了人人平等，自然也包括男女在人格、地位上的平等，无论在家庭内部还是在社会公共生活中，男性和女性都享有同等的权利、承担同样的义务。平等应当既体现在家庭地位上、经济关系上，也体现在情感关系上，这就要求坚决摒弃重男轻女的封建思想，杜绝各种歧视甚至迫害女性的恶行，夫妻之间平等相待，对男孩女孩一视同仁。三是夫妻和睦。夫妻关系是家庭关系中承上启下的核心关系，是处理其他家庭成员关系的关键环节，也是家庭幸福美满的根本保证。夫妻之间应当以互相忠诚、相互扶持为基础，共同承担起家庭责任。四是勤俭持家的美德要求。勤俭持家是中华传统家庭美德,在现代社会并不过时,仍然具有重要意义。家庭的生存和发展需要家庭成员共同的建设与努力,也需要几代人的积累。勤俭持家是以量力而行、量入为出、勤俭节约、适度消费为家庭消费的基本原则,在家庭消费上不盲目攀比,不过度消费,将物质消费和精神消费相结合,以保证家庭的稳定和持久发展。①

随着社会的快速发展、社会结构的变迁,我国家庭关系也发生了一些变化。一是婚姻生活中的自主性提升,对婚姻质量的要求越来越高,对离婚自由的认同度也越来越高。尤其是女性在婚姻中的自主性日益提升,主体意识逐渐凸显。二是家庭关系的平等性在提高,传统家长权威正在减弱,男尊女卑的观念有了极大扭转,家庭成员之间平等协商、相互尊重的氛围越来越浓厚。三是家庭生活方式发生变化。表现在几代同堂的家庭结构解体,越来越多的简单关系家庭独立出来,一对夫妻加未成年子女的小型家庭增多。甚至只有单一家庭关系的"丁克家庭""空巢家庭"也在增加。传统的"勤俭持家"的消费观念在许多家庭中被高消费、超前消费取代,家庭价值观也出现了多样化倾向。传统伦理观念与现代家庭观念经常会发生冲突,不仅表现在家庭内部的矛盾,还在全社会范围内引发了不同群体之间的激烈讨论。这种讨论在家庭生活方式的选择上尤其激烈,拥有不同价值倾向的人往往形成不同群体,以群体的力量彰显意见优势。家庭美德涉及家庭稳定、社会和谐,是社会成员普遍关心的问题。那些具有普遍性、代表性、严重挑战家庭伦理道德底线的问题,能够引发人们对家庭道德关系的深深忧虑,常常成为道德舆论关注的焦点。尤其是社会弱势群体的家庭关系,更容易引发网民普遍关注,例如老弱病残的家庭抚养、赡养问题,家庭暴力和家庭虐待问题,等等。

第三节 网络道德生活的场域:网络空间

场域(field)是皮埃尔·布尔迪厄在研究社会基本单位时提出的一

---

① 王敬华主编《新编伦理学简明教程》,东南大学出版社,2012,第229页。

个概念，指位置间客观关系的一个网络或一个结构。① 布尔迪厄指出，社会发展引发的社会分化，会造成一系列有自身逻辑和必然性的"客观空间"，这些客观空间形成了具有相对自主性的一个个"小世界"，从而形成了场域间的分界。② 场域可以理解为一种具有相对独立性的社会空间，相对独立性既是不同场域相互区别的标志，也是不同场域得以存在的依据。社会生活中有多种类型的场域，媒介场域是社会诸多场域中的重要组成部分，是传播者和受众实现关系联结的客观空间，也是传播实践的空间载体。网络空间是一种新的媒介场域，为传播活动提供了更多样的平台和更广阔的疆域。

1. 网络空间的内涵及特征

网络空间（cyberspace）是在互联网技术下人类生存空间的新拓展，是人类实践的新领域。在互联网出现后，人类生活在两重世界中——第一世界是现实世界，第二世界是网络世界。而"网络世界的传播和交往有着第一世界无可比拟、望尘莫及的优势。从空间上看，它无边无际、无处不及；从时间上看，它可以把传送和接收的时间差缩小为接近于零"③。Cyber 源自希腊语 cybernetics，指"操舵机能"，1948 年诺曼·韦纳（Norman Weiner）将 cybernetics 定义为"有关生物和机器间控制和通信的科学"。19 世纪 30 年代，法国物理学家安德鲁·玛莉·安培（Andre Marie Ampere）在描述控制科学时也曾提到这个词。④ 进入 20 世纪以来，网络空间从幻想走向现实、从个别领域走进普通人的生活，网络生活成为社会生活的重要组成部分。网络空间一方面是以网络技术为基础架构的空间，另一方面也是多种网络技术综合应用的外在表现。曾国屏

---

① 〔法〕布尔迪厄：《实践与反思——反思社会学导引》，李猛、李康译，中央编译出版社，2004，第 134 页。
② 〔法〕布尔迪厄：《实践与反思——反思社会学导引》，李猛、李康译，中央编译出版社，2004，第 139 页。
③ 〔美〕马克·波斯特：《信息方式——后结构主义与社会语境》，范静哗译，商务印书馆，2000，第 157 页。
④ 转引自〔美〕斯蒂夫·琼斯主编《新媒体百科全书》，熊澄宇、范红译，清华大学出版社，2007，第 113 页。

等认为，网络空间有两方面内涵：一是"技术意义上的数字化信息流动的空间"，二是一种"文化交往空间"①。就技术空间而言，网络空间是一个人工构建的虚拟空间，一个由我们的系统所产生的信息和我们反馈到系统中去的信息所构成的世界。② 就社会文化空间而言，网络空间是对现实社会生活空间的延伸和拓展，是真实的社会生活空间。网络空间中活动的人是现实的人，网络空间的建构也是人的"感性和理性合谋的结果"③。

网络空间具有平等性与开放性的特征。开放性是互联网最根本的特性，整个互联网就是建立在自由开放的基础之上的。④ 网络空间的开放性一方面表现为时间上的开放性，传播者和受众在网络空间的活动不设时间限制；另一方面表现为空间上的开放性，网络对所有用户、所有终端一视同仁地开放，从而实现信息的无障碍传递和交流。互联网从设计之初，就用分布式的网络体系和包切换技术来为网络开放性提供技术保障。分布式的网络体系保障了每台计算机都作为网络上平等的节点而存在，彼此之间没有从属关系；包切换技术保障了网络信息不受阻碍地自由流动。后来的 TCP/IP 协议进一步保障了网络信息的平等、自由交流和资源共享。20 世纪 90 年代，网络超文本标识语言出现，用全新的方式将网络信息联系起来，使得任何一个文件在所有操作系统、所有浏览器上都具备可读性，网络开放性进一步获得了软件保障。当前网络空间的开放性就是建立在这些技术架构的基础之上的。

网络空间具有虚拟性的特征。现实空间有着确定的物理属性、地理位置，人们在现实空间的交往活动建立在一定的社会规范和经济关系之上。而网络空间是人类通过各种信息技术构建生成的一个活动场域，网

---

① 曾国屏等：《赛博空间的哲学探索》，清华大学出版社，2002，第 4~14 页。
② 〔美〕迈克尔·海姆：《从界面到网络空间：虚拟实在的形而上学》，金吾伦、刘钢译，上海科技教育出版社，2000，第 79 页。
③ 崔子修：《网络空间的哲学维度》，中国财富出版社，2019，第 11 页。
④ 熊光清：《网络公共领域的兴起与话语民主的新发展》，《中国人民大学学报》2014 年第 5 期。

络空间传递的信息内容虽然是真实的，在网络空间活动的人也是现实的人，但网络传达的方式却是虚拟的，只是由0和1组成的一系列代码呈现出的图景，这种传播方式可能对信息源本身的真实性进行再编辑或者变形，比如把一朵红色的花显示为蓝色。这样，人们在网络空间中看到的世界是一个被信息技术编辑过的虚拟的世界，而不是真实的客观世界。另外，网络活动的主体虽然是真实的人，却可以虚拟的身份在网络进行活动，其真实的身份、社会角色、社会地位等信息可以被隐藏起来，人人都戴上了"虚拟的面具"，交往活动也不再依附于实在的物理空间，而是存在于网络虚拟空间之中，借助于计算机的符号系统开展。这都易导致网络信息的失真、失实、虚假、模糊，增加了网络活动的不确定性。但网络空间的虚拟性不意味着网络空间是虚幻的。网络空间虽然看不见，也摸不着，但它是客观真实存在的。它不能脱离这个社会而独立存在，应当受到现实社会的传统价值和标准的约束，具有客观存在性。

网络空间具有交互性的特征。传统媒体的传播是单向的，有确定的信息发布者和接收者，传播者是信息发布和解释的主导者，掌控着传播过程，信息接收者只能被动接受，媒体场域是传受活动的空间场域。而网络空间改变了信息传播中受众的被动地位，以点对点的双向互动改变了传统媒体点对面的传播方式，每个人既是信息的接收者，又是信息的传播者，每个人都可以解读和加工信息，并就信息的内容实现多人实时沟通互动。交流的时间也更加灵活，而不是由发布者预设。同时，网络通过人机交互还构建了一个人与人交流的新平台，世界各地的人们可以跨越地域限制而建立起虚拟化的社会关系。通过这种交互性，网络极大地拓展了媒介传播的时空范围，构成了一个以人机交互为特点的电子场域。

网络空间具有流动性与弹性的特征。网络信息技术以弹性为技术范式的基础，所有信息单位都有可能产生重新排列组合。这使得网络空间具有空前的流动性与弹性，具有独特的重新构造能力，也使得网络空间处于快速的变化过程中。流动性的高低也成为衡量一种网络空间架构优劣的重要指标。在网络空间，新的、日趋世界性的社会、政治、经济和文化阶层依据流动性而不断地形成和重建，也逐渐瓦解着现实社会的科层制组织结构，使得社会组织结构日益扁平化，成为一个缺乏中心、缺乏权威、缺乏控制的全球化活动空间。

2. 网络论坛与道德生活

网络论坛全称为 Bulletin Board System（电子公告板）或者 Bulletin Board Service（公告板服务），是存在于网络世界的电子信息服务系统。它提供给用户公共电子白板，每个用户都可以在电子白板上发布信息、发表意见。与一般的网站相区别，网络论坛具有较强的互动性，人们可以围绕一个议题进行充分的讨论，能够充分体现网络社会开放性、平等性、共享性等特征。网络论坛是网民交流和大规模聚集的重要网络场所，一些大型门户网站纷纷利用自己的用户优势建立了众多综合性论坛。一些社会团体、群体、社会组织等在网上开设专门性论坛，为论坛设置特定关键词，精准吸引特定网络群体参与讨论。论坛内容多与相关团体、群体或组织关心的议题相关，论坛不但成为社区成员交流的平台，而且团体的相关活动、公告等也会在论坛上发布。主题论坛是围绕某一个或一类主题、领域展开讨论的论坛，一般没有现实的社会组织作为依托，内容涵盖极其广泛，有日益细分化的倾向。

在道德议题讨论中，不同类型的论坛呈现不同特点。大型综合类论坛成员规模庞大，信息来源广泛，传播过程中的中心性特征显著，常常成为态度偏移的发源地。大型综合类论坛的社会影响广泛，所以其中更容易涌现出网络意见领袖。但这类论坛成员构成比较多元，意见也更为分散，论坛内形成高度一致的难度较大。而一些专门性论坛，虽然成员规模小，关注的信息视野相对较窄，但信息针对性强。因为成员对论坛的认同度较高，论坛成员兴趣和态度较为一致，具有更加紧密的群体联系，这些论坛成员长期聚集讨论，很容易形成某种明显的态度偏向。另外，不同社区也表现出不同的聚焦点和社区文化特色。在论坛内部，虽然网络论坛以平等讨论为出发点，为每一位用户提供了平等的话语机会，但在互动过程中，一些主帖的发布者、一些具有话语影响力的人，往往成为社区的意见领袖，使得话语权呈现不平衡的结构态势。

同其他网络平台相比，网络论坛具有专业性强、成员黏性较高、构成较为稳定的特点，对问题的关注和讨论比较深入、持久，适合于对某类议题的长期关注和深入讨论。但网络论坛圈层化现象比较突出，容易出现意见倾向比较一致、意见气候明确、封闭性强等特点。同时论坛的流动性较其他网络平台差，这也使得其内容把关较为容易。

3. 博客、微博与道德生活

博客是英文 blog 的音译，又译为网络日志、部落格等，发布者可以是任何个体，也可以是某一组织。在结构方式上，博客发布的内容以时间倒序排列，在发布形式上，博客可以是文字、图像、视频、其他博客或网站的链接及其他媒体形式。它的出现"改变了'新闻'从个人传播到公众的信息流动的本性……只要一按'张贴'键，任何人都可以出版自己的作品"[①]。它具有优良的互动性，访问者可以对博主发布的内容留言评论。它本质上是个人的媒体，从而颠覆了传统社会的媒体垄断和信息垄断，契合了网络自由、平等、共享的理念。

微博是对博客的发展，即微博客（MicroBlog）的简称，主要是博客中文章功能的简版。与博客相比，微博的主要特点表现为以下几个。一是文字短小精悍。微博一般设置了 140 字的限制，这是专为手机发布和阅读方便而做出的设计，而博客的发布和阅读方式更适合电脑操作。在严格的字数限制下，作者一般不展开论述和说理，而是直接给出事件信息和结论。这就导致微博在阅读方式、浏览模式、浏览内容、内容规模等方面都与博客有所区别。近年来，一些微博推出了会员长微博，某种程度上弥补了微博短文字在系统表达上的缺陷。二是准入门槛低。博客长篇大论，常常需要发布者和阅读者具备一定的文化水平和较充裕的时间，而微博只需要基本的文字编辑能力、表达能力和理解能力，对于发布者和阅读者的要求大为降低，能够吸引更多网民参与，也迎合了网民

[①] 方兴东、王俊秀：《博客：E 时代的盗火者》，中国方正出版社，2003，第 2 页。

碎片化阅读的习惯。三是互动性强。阅读他人的博客必须登录其首页，需要人们具有更大的阅读主动性。而在微博上，只要浏览自己的首页，就可以看到他人的微博内容，使信息的获取和发布更加便捷。四是即时通信功能强大。微博实现了以发短信的方式快捷地进行更新，可以随时随地通过手机进行连接刷微博，克服了博客通过手机更新不便的弊端。而且微博通过粉丝的转发来扩散信息，相比博客通过网站推荐增加阅读数的设计传播扩散性明显提升。五是爆炸式传播。在传播方式上，微博接力传播的模式使得每条信息都可能在某一节点发生爆炸式传播。信息的采集者和传播者可能仅仅只有数名粉丝，但接下来的接力传播使得信息在任何节点上都可能发生爆炸式增长。美国的 Twitter 是最早也是最著名的微博。微博进入中国是从 2009 年新浪微博开始的，之后迅速引发微博热潮，越来越多的社会各阶层的人加入微博。微博巨大的影响力吸引了越来越多的网络注意力资源，许多社会事件借助微博平台引发公众关注。2015 年 1 月，新浪微博将字数限制从 140 字提升到 2000 字，进一步激发了用户的参与热情，成为最为活跃的网络社区。

微博以其简洁、明了、方便的优势，迎合了现代人快节奏的生活方式和碎片化的阅读习惯，逐渐替代博客成为主要网络媒体，其也成为网络意见领袖的主要活动载体。一些微博意见领袖更是显示出了巨大的社会影响力。因为微博内容短小，人们不仅可以通过网站发布和获取，也可以利用手机等移动通信工具发布和浏览，造就了"人人都是通讯社、个个都有麦克风"的网络环境。大量演艺明星、社会名人建立自己的微博账号聚集人气，一批网络意见领袖通过自己的微博账号扩大影响力，大量"草根"从默默无闻的普通人成长为"微博红人""草根明星"。

博客和微博各有优势，也各有局限。博客提供的信息更加完整、系统，适用于深度分析，但也因为其参与要求高而受众有限，较其他平台传播性差，适合网络讨论的深度参与者。微博短小精悍，信息来源丰富，受众接受性强，更易于传播和扩散，丰富了网络社区生活，激发了人们的网络参与热情，在社会监督、公益参与、文化交流、信息公开等方面发挥了日益重要的作用，但是也带来了诸多负效应。微博的围观效应容易引发信息超载、道德绑架、谣言滋生等问题。由于微博发布字数有限，难以提供详细充分的论证信息，影响了信息的深化和拓展，限制了人们对议题的深入系统了解，许多内容往往依靠武断的、富有感情色彩的只言片语提高感染力。这就导致感情色彩强烈的微博更容易获得传播机会，因而微博更容易强化和渲染偏激情绪，有可能成为态度偏移的重要推手。

4. 即时通信群与道德生活

即时通信（IM）是指能够即时发送和接收互联网信息的通信方式。随着互联网的发展，即时通信已经发展成集交流、资讯、娱乐、搜索、电子商务、办公协作和企业客户服务等为一体的综合化信息平台。[①] 即时通信是一场社交革命，解决了人们点对点沟通中的时空限制问题，具有强大的聚合能力和交互性能。我国即时通信业务影响力最大的就是腾讯公司开发的两款即时通信工具——QQ 和微信（Wechat）[②]，这两款即时通信产品开发的多人互动功能极大地推动了网络互动的发展。截至 2021 年第一季度，腾讯微信及 Wechat 的月活跃账户已达 12.41 亿。[③] 与论坛、博客等不同，即时通信群是相对封闭的交流空间，具有圈子化的特征。二者的社交功能有所差别，QQ 群更具有开放性，便于陌生人社交，有具体的群号，可以多个管理员共同管理，可以发起群话题，还具有文件共享、公告等功能，能够通过标签、QQ 群号、名称等方式查找，群人数上限可以多达 2000 人，加入需要审核和通过。微信群只能通过群成员互相邀请的方式加入，因而群成员之间的社交关系更加紧密，更适合于熟人社交。微信群当前最多只能容纳 500 人，只有一个组建人

---

① 刘永华：《互联网与网络文化》，中国铁道出版社，2014，第 47 页。
② 1999 年腾讯自主开发了 QQ，其设计合理、应用良好、功能强大、运行稳定高效，很快成为国内主要的即时通信工具。2011 年，腾讯公司又推出为智能终端提供即时通信服务的微信。
③ 《腾讯控股：三月末微信及 WeChat 合并月活为 12.41 亿》，新浪财经，https://finance.sina.com.cn/stock/hkstock/ggscyd/2021-05-20/doc-ikmyaawc6494023.shtml。

（群主）而没有管理者，加入不需经过群主审核。因此，QQ群更具有稳定的组织性，可以长期存在，而微信群更像是因为某一话题而临时组织在一起的讨论组，组织性较差，并且微信群二维码只有7天时效，不能永久保留。

即时通信群成员规模大，可以使人们跨越时间和空间即时交流，群内容可以即时发布，所有成员可以即时浏览，极大便利了成员之间的信息交流。虽然每个群都设置了容量限制，但群成员可以同时加入多个群，相当于通过这些群将社会关系网络盘根错节地联系起来，可以将消息在各个群之间网状传播，密度高、速度快。一旦某个群中发布某条消息或者某种言论，就可能被任何一个成员转载到其他群中，这种交叉传播的方式可以引发几何级数的传播增长，很快形成惊人的舆论能量，影响着网络舆论的强度和走向。在态度偏移形成期和发展期，即时通信对于消息的扩散、舆情的形成起着重要的推动作用。无论是QQ群还是微信群，一般是因为某种共同特征、共同目标或者共同需要组织在一起的，具有较高的同质性。这种同质性使得成员情感联系更为紧密，容易组织和动员起来。因为主要是熟人圈子，彼此之间情感联系更为紧密，成员之间对于群内传播的消息更愿意相信和接受。庞大的成员构成以及现实的关系制约，使得在群内公开表达不同意见时群体压力增大，导致与群体一致的言论容易得到支持，而持不同意见者会选择沉默，进一步推动了群体意见的极端化。另外，当前网络社区的组织形式还在不断地发展过程中，例如当前新兴的直播平台、短视频平台、网络游戏空间、购物平台等，也都具有了即时通信群的功能，并且互动方式和层次更加多样，也成为信息传播的重要场域。

5. 新闻跟帖与道德生活

新闻跟帖是网络新媒体在进行信息发布和新闻报道时开设的评论、讨论功能。对于新闻跟帖活跃度、数量和意见偏向的观察，是舆情监控的重要内容。2000年4月，搜狐网首先推出新闻跟帖功能，网友们可以在新闻正文后发表长度不一的评论，在跟帖中对新闻的信息进行补充、对新闻事件进行评论、对自身态度进行表达。跟帖还具有互动功能，用户可以在别人的跟帖下进行回帖，或者对跟帖进行肯定和鼓励，或者对问题进行讨论，或者对评论进行批判和驳斥。目前大多数门户网站在新闻正文后都开设了名称各异的评论功能，例如网易叫"跟帖区"，新浪、腾讯叫"我要评论"，人民网叫"我要留言"，搜狐网叫"我来说两句"。在移动互联网快速发展后，跟帖这一形式也从 PC 端的新闻门户网站延伸到移动端的新闻 App、微信公众号，跟帖途径明显增加，跟帖数量急剧上升。

跟帖使得新闻发布不再是传统媒体的单向传播，增加了受众与发布者之间的互动交流以及受众之间的意见交换功能。不同于传统媒体评论专业化、精英化的要求，网络新闻跟帖对用户没有准入限制，内容限制也并不严格，网民参与热情较高。这些跟帖并不涉及个人利益，仅仅表达了他们对于社会事务的态度、观点和情绪，往往社会热点事件更容易引发大量跟帖，说明网友期望通过新闻跟帖实现社会参与，而跟帖的"支持""顶""回复"等功能则满足了网民的交流需求。一些热点事件的新闻后面，往往有异常活跃和丰富的跟帖，这些跟帖聚集和反映了相关舆情，是群体态度的风向标。

新闻跟帖是一种典型的大众化意见表达，互动呈现群发性特征。在这里，意见交流采取多对多的模式开展，新闻媒体为网民提供议题和互动平台，网民自愿参与群体性讨论，可以进行单方或者多方对话。这些言论经审核发布后，所有人可见，比其他网络社区的意见公开度更高。而且新闻跟帖提供了多人辩论的路径，容易出现不同群体之间意见的激烈对抗。同其他网络社区的活动方式有所区别的是，新闻跟帖的参与者不固定，成员不具有稳定性，不但不具有现实的关系连接，网缘关系也极为松散，仅仅是因为共同感兴趣的话题临时聚集到一起，是一种典型的陌生人关系，这使得人们参与讨论时随意性更大，讨论容易演变为群体间的攻击和单纯的情绪发泄，出现大量的语言暴力、低俗、恶搞内容，制造了大量舆论泡沫，有可能淹没了理性的声音。

新闻跟帖的讨论较为集中，但与微博一样，存在字数限制，内容无法深入展开。对于舆情监测而言，新闻跟帖的最大价值在于其跟帖数量，通过分析新闻跟帖的数量和意见倾向，可以评估网络舆论的热度和网民意见偏向。同时，新闻跟帖的传播性不强，具有把关人明确的特点。一般开设了评论区的新闻网站都设置了跟帖内容的审核制度，一些大的门户网站充分承担起了把关责任，审核比较严格，特别是一些敏感新闻，网站会采取关闭跟帖、不显示跟帖、对跟帖的释放速度进行限制等控制措施。但有些新媒体为了吸引流量、扩大用户，刻意选取易于引发网民讨论、吐槽的议题，有的网站采取"标题诱人就发"和"内容震惊就发"的内容把关机制，以低俗信息吸引用户，新闻下面往往有大量以调侃、娱乐、发泄为主的跟帖，甚至充斥着语言暴力，而网站对于跟帖的审核通过率很高，标准过度宽松，在一定程度上污染了网络空间生态。

第四章　网络道德生活中态度偏移的表征

当议题围绕道德评价展开时，群体讨论常常伴随着道德情绪的极端化表达与道德行为倾向的暴力化演绎。网络道德生活中的态度偏移，就是网络群体成员基于群体内部一致的道德价值、群体规范而出现的道德评价的态度偏移，不仅表现在某种意见在数量上的聚集，更表现在善恶评价程度上的极端化、非理性化，突出表现在夸大事件的道德意义上，或者对事件进行过度引申和联想。

第一节　道德认知的偏移

道德认知是"个体在原有的道德知识的基础上，对道德范例的刺激产生效应感应，经过同化、顺应的加工，而获取道德新知的心理活动过程"[①]。在道德生活中，个体通过道德认知活动认识道德规范及其意义，获得道德知识，形成道德价值。外在的道德行为规范、道德价值体系通过道德认知活动不断内化。道德认知是个体品德的核心部分，包括道德印象的获得、道德概念的掌握、道德评价和道德判断能力的发展、道德信念的产生及道德观念的形成等。它是在道德实践的基础上，通过教育、训练和社会影响，在不断掌握道德概念、逐渐提高道德评价和道德判断能力的过程中形成和发展的。作为品德形成和发展的基础，道德认知是人们道德心理系统中最为深刻、持久和稳定的基础部分，是道德心理中的理性成分，体现了人们道德认识的深度，对道德情感、道德意志

---

① 曾钊新、李建华：《道德心理学》（上），商务印书馆，2017，第44页。

和道德行为起着指导、调节和控制作用。[①] 它既是道德情感的基础，又为道德情感提供认知支撑和理性支持。道德认知出现偏移，往往会导致人们整个的道德心理系统的错位。人们在群体讨论之前的认知偏移是道德态度偏移的重要原因。

1. 对善恶的认知极端化

善恶及其评价是伦理学研究的主要内容。马克思主义伦理学认为，在特定历史时期，一定阶级所倡导或实际奉行的道德原则或善恶标准构成了社会的道德标准。因而，道德标准具有阶级性和历史性，不同社会历史时期、不同阶级有不同的道德原则和规范。在社会主义社会，只有符合社会发展方向和最广大人民群众根本利益的道德原则和规范才能够成为善恶评价的标准。

网络道德生活中出现的态度偏移，往往在善恶认知上陷入非黑即白、非善即恶的绝对化。一是在善恶性质判定上的绝对化，认为善就是绝对的善，恶就是绝对的恶，看不到事物的两面性、善恶的相对性，不能结合情境对善恶进行辩证分析。在这种极端认知下，网络道德评价被简化为"符合道德规范"和"不符合道德规范"两种，道德主体被划分为"道德人"和"非道德人"两种，否认在这两种情况之外的中间地带。二是在善恶程度判定上的绝对化，不能准确衡量道德事件善恶价值的大小，认为善即大善，恶即大恶，任意放大一种道德的影响。例如在肯定善的过程中逐渐出现认知变形而越来越夸大其善的价值，在否定恶的过程中逐渐出现认知变形而越来越夸大其恶的影响。三是在善恶评价逻辑过程上的极端化。善恶评价应该是遵循一定的逻辑顺序，从道德认知到道德价值，再到道德态度，直至道德行为及其影响。然而许多网民在进行道德评价时不能从道德的逻辑起点出发，而是截取逻辑过程中的一个环节或者一个方面得出评价的结论，忽略了道德心理是一个连贯的逻辑整体，从而陷入以偏概全的错误。在社会生活日益复杂化的现代社

---

① 林崇德编《心理学大辞典》，上海教育出版社，2003，第150页。

会，这种二元思维可能会将许多人的认知推向极端，使社会问题有增无减。这种认知偏向在网络上泛滥，有些人以言论极端为荣，"非黑即粉"，"黑"就黑到极端，"粉"就粉到彻底，并且互相为敌，激烈攻击。

2. 对公平的认知绝对化

这种道德认知往往混淆了公正与公平的区别，认为"公平即公正"，不公平就是不道德。公正是伦理学的基本范畴，也是道德价值追求的基本目标，意为公平正直，没有偏私。社会道德规范和法律规范的基本要求就是保障社会公正。可见，公正主要是一种价值取向。公平更侧重于社会生活中衡量人和事尺度的统一，对不同人、不同事采用不同标准，就意味着不公平。而对于这一标准本身是否公正，不同的人会形成不同的价值判断。所以，公平是努力实现公正的一种理想状态，没有绝对的公平，有些公平并不一定符合公正的伦理要求。在认识公平时，一定要以公正为价值依据，既要认识到公平的相对性，又要认识到差距存在具有客观性与合理性。如果某个或者某些方面的某种状态相对差距为零，那不是现实中的公平，而是一种简单平均。

然而在一些网民群体的道德逻辑中，否定这种差距存在的合理性，或者不承认公平标准的相对性。他们往往以自己是否感觉公平为道德判断的标准，如遇到他们认为"不公平"的情况时，就认定违背了公正的道德原则而产生怨恨和愤怒，进而展开激烈的道德批判。这种思维逻辑还有一种外在表现，就是认定"付出必有回报"才是公平的，当预期的回报没有出现时，他们就会产生深刻的挫败感，感到十分愤怒和绝望。当这种思维逻辑在网络群体中蔓延时，焦虑、怨恨等消极情绪就成为群体的普遍体验，推动了社会群体对立和社会心态失衡。

3. 对道德规范的认知片面化

道德规范所规定的道德原则是一个社会一般情况下应该遵守的普遍原则，但道德原则的运用必须结合道德情境。道德情境是复杂而多变的，在某些特殊情况下道德原则可以根据情境而变通，因而道德规范不是僵化的、绝对的。而"非黑即白"的思维偏向拒绝这种变通，运用道德规范时过分强调原则性而缺乏辩证性和灵活性,脱离道德情境而将道德纯粹化,乃至认为不作出善恶取舍本身就是一种不道德。心理学的研究证明,本质上,人类认识事物喜欢去繁就简,以提高认识事物的效率,满足人们最低成本生存的需要。这种"非黑即白"的认知方式就是人们去繁就简认知惯性的表现,它可以让人们以最简洁的方式认识事物,从而降低了认知难度、节省了认知的能量消耗。这种认知偏向常常因为包含了一定程度的真理(片面真理或者局部真理)而具有某种程度的合理性,更为人们坚持这种思路提供了某种内在依据。这种二元判断需要更少的理性投入和知识储备,往往可以依靠感性和经验得出结果。在需要迅速做出决断时,这种认知方式可以高效地帮助人们做出判断,例如在突然遭遇生命威胁时,要迅速在是与非、对与错之间抉择,犹豫意味着增加风险。但一般性的情景抹杀了事物本身的矛盾性和复杂性,在不掌握充分和完整的事实和证据、不作全面和辩证地分析的情况下,得出简单的是非判断,将认识事物的复杂过程过度简化,是难以得出正确的结论的。

4. 对道德生活的认知庸俗化

相对于现实生活中面对面的接触和交流,网络交流只能依靠文字、代码和想象,当一个事件在网络上引发激烈讨论时,网民对于道德对象并没有直观的体验和现实的感受,无法形成对于道德对象全面、深入的印象。在不掌握充分信息的条件下,在现实生活中人们做出道德评价是比较谨慎的。网络的匿名性使得人们取消了顾虑,往往仅依靠一点线索,依赖自我的想象和经验(甚至在毫无线索的情况下)就对道德对象做出认识和判断,并且为了维护自我的正确性,激烈而坚定地维护这种判断。这种认识和判断更多的是投射到道德对象身上的网民自身的情绪,而不是对于道德对象深入的、理性的认知。这种认知过程抽取了道德事件的情境性因素,使得认知结论平面化、肤浅化。

道德认知的庸俗化还表现为人们对于道德对象的认识娱乐化,在道德生活中充斥着调侃、低俗、灰色文化。道德评价过程本身应该是严肃、复杂而理性的,需要人们付出相当的主观努力。而网络上在认识和评价道德对象时,出现了越直观越好、越简单越好、越轻松越好、越感性越好的倾向,随处可见对于严肃道德事件的恶意解构和娱乐化解读。在获取了碎片化、娱乐化的信息后,网民群体不问真相、不辨是非、不求甚解,常常放弃现实社会中基本的道德约束和行为礼仪,将严肃的道德评价过程变成一场集体狂欢,借此低俗恶搞,恣意谩骂,围观起哄,或者将道德认识过程引向色情、暴力等低俗方向,滋生出各种网络暴力行为。

第二节 道德情感的偏移

情感是人们作为主体对客体满足自己需要状况的内心体验。道德情感是一种高级情感,是"基于一定的道德认识,对现实道德关系和道德行为的一种爱憎或好恶的情绪态度体验"[1]。这种体验本质上是一种对自己和他人进行道德评价的心理活动,例如,人们对体现真善美的道德行为的赞美、钦佩、尊敬、满足等肯定的情感,对违背道德规范的行为的憎恨、厌恶、蔑视、内疚等否定的情感。道德情感渗透于社会生活的各个方面,涉及个体对于人与自然之间、人与人之间、个人与社会之间关系的主观评价及其体验,如荣誉感、责任感、义务感、正义感、尊严感,以及爱国主义情感、集体主义情感、人道主义情感等。这种对行为的善恶、是非、荣辱的情感与道德信念结合起来,就形成了个体稳定的道德品质。道德情感作为人类特有的高级情感,具有一定的持续性和稳定性。同时,它还反映了一定的社会内容,具有一定的阶级性和历史性,与人们所处的社会环境、历史背景、文化氛围密切相关。

1. 情感的过度情绪化

网络道德生活中的道德情感是人们在网络活动中激发的道德情感体验。在道德生活的态度偏移中,道德情感所联系的道德认知和道德情感

---

[1] 曾钊新、李建华等:《道德心理学》,中南大学出版社,2002,第135页。

所具备的理性内容往往被激情所淹没。情绪和情感同属于感情心理活动过程，都反映了主体对于心理需求满足程度的主观感受，属于同一过程的不同表现形式。二者有着密切联系，情感规定了情绪的内容和方向，是情绪的内在依据和本质内容，而情绪是情感的外在表现，情感往往需要通过情绪来进行表达。在个体稳定的、内在的道德情感影响下，个体在特定道德情境中可能表现为更为明显的各种情绪，例如由憎恨、厌恶、蔑视等引起的愤怒，由赞美、钦佩、尊敬、满足引起的快乐等。情绪既可以在人际互动中被他人激发，也可以在人与环境的互动中被环境激发。在一定社会中，社会成员互动过程中形成的"将个体情绪的多样性以及群体普遍的情绪体验融合在一起"的共同情绪体验就是社会情绪[①]，网络情绪就是一种典型的社会情绪。

网络社会对于一些道德话题的讨论，往往是先从情绪化的表达开始的，诸如热情的赞扬、尖锐的批评、深深的忧虑。情绪反应作为人的生理反应，在面对刺激性议题时先于理性思考出现，是人的正常心理现象。如果先是一般性的抱怨、批评、赞扬等情绪表达，再加以深入的思考和理性的分析，是符合人类的一般认知顺序的。但在网络道德生活的态度偏移中，一开始的情绪表达并不在适度和合理的范围内，情绪强度大、持久度高，表现为激烈的情绪反应，或者是狂热的赞美，或者是非理性的愤怒，或者是过激的谩骂，甚至伴随谣言四起、混淆是非。这种过度情绪化的表达一旦在群体中点燃就会快速蔓延，使理性的声音被吞没或者被压制，情绪得不到理智的遏制，不能适度调节和降温。过激情绪支配之下群体往往做出偏激的道德行为选择，使得网络讨论偏离了惩恶扬善的初衷，演变为一场情绪发泄的网络狂欢。在网络上，有时候越是情绪化和非理性的表达，越是具有吸引力和号召力，能够得到网民的追捧。一个道德议题引起各方争论，跟帖充斥着网友间的对骂，不是理性的观点交流，而是情绪化的人身攻击。网民的相互传染，网络媒体的

[①] 孙立明：《对网络情绪及情绪极化问题的思考》，《中央社会主义学院学报》2016年第1期。

推波助澜，加剧了网络上戾气的泛滥。

2. 情感的高度激发状态

网络情绪的表达应当是以理性认知为基础，受认知控制和指导。然而，在态度偏移发生时，道德情感出现了过度情绪化的偏向，表现为情绪的高度激发状态，并且有持续高涨的趋势。这时，道德情感所联系的道德认知和道德情感所具备的理性内容往往被激情所淹没，群体成员往往抗拒理性内容的影响，群体情绪就像点燃的火种，越烧越旺。情绪表达本身就含有对于对象的认知和对于自我状态的认知，同时情绪也要受认知的调节和控制，从而保持在合理和适当的范围内，以维持个体社会活动的正常进行。然而，一些网民却习惯于将道德认知与道德情感和情绪的关系反置，本来应由道德认知决定道德情感，一些人却以道德情感和个人情绪来左右道德认知，用自身的感受来支配道德判断和道德评价，认为"我喜欢的就是好的""我讨厌的就是不对的"。这本质上源于一种错误的认知，就是认为"我总是正确的"，或者"我必须永远正确"，接受自己犯错的想法对他们来说是极其痛苦和不安的，因而绝对不能接受证明自己错误和无能的任何信息，所以不得不通过各种方式维护自己的正确性并不惜斗争到底。例如，网友们花费大量的时间、精力，投入大量的感情在某一个观点上争论不休，对他人观点的合理性视而不见，通过越来越激烈的言辞反复证明自己观点的正确性，这实质上已经不是简单的观点上的分歧，而是一场不惜一切代价维护"我永远正确"的斗争，表现出绝不允许他人挑战这一认知的态度。

第三节　道德行为倾向的偏移

一般来说，社会评价为道德的行为是对他人或者社会有益的行为，反之则被认为是不道德的行为。网络道德行为倾向，就是人们在网络活动中有道德意义的活动倾向。态度偏移在道德行为倾向上的表现，就是道德行为的暴力化倾向。这可能表现为人身攻击、谩骂侮辱等单纯的语言暴力倾向，也可能表现为人肉搜索、道德绑架等语言与行为相混合的暴力行为倾向。

1. 语言暴力

网络语言暴力是指一种以语言攻击、污蔑、谩骂等暴力方式伤害他人的网络行为，主要存在于评论、发帖、回帖、聊天等行为中。网络语言暴力看似只是"说说而已"，然而语言是把"杀人不见血的刀"，可以造成强大的舆论压力，网络上的公开侮辱和谩骂是对被攻击者名誉权和人格权的极大侵害，会对被攻击者的心理和正常工作生活造成一定的压力，这种压力大到可以压垮当事人的生活。这些语言暴力现象一方面表现了一部分网友对于语言运用道德底线的蔑视，另一方面反映了网络的情绪宣泄特点。在现实社会中，语言的运用是要遵循一定的社交礼仪和道德规则的，并受到身份和情境的约束。而网络上却可以"放飞自我"，将平时在生活中不能运用的污言秽语、语言垃圾一股脑倾倒出来，获得"一骂为快"的快感。许多网民对于网络热点事件并不掌握全部真相，也不关心事情的真相到底如何，不是为了讨论问题、针砭时弊，只是通过谩骂来发泄自我情绪，这些谩骂甚至同事件本身无关。他们的语言运用力求煽动性、夸张性、情绪性、刺激性，刻意增加语言的打击力和杀伤力来达到攻击效果。

语言暴力最显著地存在于两个群体中。一类是"键盘侠"。一些人以键盘为工具，以语言为武器，化身"键盘侠"，占据道德高点，以"伸张正义"的名义到处进行道德审判，然而他们的正义感往往只停留在键盘上、停留在对他人的道德批判上，现实生活中的道德表现却并不高，并且他们的语言暴力本身是一种不道德行为。"侠义"本是维护正义之道，而"键盘侠"看似仗义执言、疾恶如仇，却只能践行躲在网络背后的"语言正义"。不可否认，有的"键盘侠"确实有着以网络舆论维护社会正义的良好意愿，然而许多人披上"侠客"战衣却不是真正出于"义"。他们在道德上居高临下、颐指气使，却缺乏道德素养中最重要的内容——道德自省。这样的"侠客"非但不能促进社会公平正义，反而制造网络戾气,激化社会矛盾。另一类是"网络喷子"。所谓网络喷子,是指在网络活动中喜好发表批判、反对、挑衅等负面言论,惯于通过网络采取谩骂、指责、攻击等活动的人。他们到处寻找攻击对象,在攻击、谩骂中获得乐趣。他们往往不喜欢"孤军作战",成群结队活跃在各大网络平台。例如在某些论坛中,活跃着一群"喷子",专门组团互相掐架,甚至采用盗号、禁言、人肉等方式打击对手。在某些网络游戏中,某些游戏者互相用恶毒的语言挑衅,甚至故意激怒对方,挑起争端,找人"约架"。骂战一旦爆发,他们立刻呼朋唤友,结成群体,开始一场污言秽语的"竞赛",并以此为乐。在微博、论坛、新闻评论区里,他们只要觉得不爽就群起而攻之,不讲逻辑、不辨是非,甚至进行恶毒的人身攻击。这些人还喜欢给自己的小团体贴标签、起名字,使团体行为更有仪式感或凝聚力。

2. 道德绑架

道德绑架是一种通过道德舆论胁迫他人采取某种道德行为的行为。这种以"道德上正确"为筹码的要挟,是一种看似"温和"却侵犯他人的道德自由的网络暴力行为。道德自由是道德主体的行为自由和选择自由。自由是道德的前提,基于自由,人们才具有选择道德行为的可能性,人们的行为才具有了道德意义,主体也因此能够成为道德评价的对象。[①] 如果一个人丧失了道德选择的自由,他的道德行为也就丧失了道德评价的意义。当然,这种道德自由是有限度的,社会道德规范和法律规范就是对个体道德选择自由的底线界定,个体基于这种自由选择权也要承担相应的责任。在道德绑架事件中,被绑架者往往陷入舆论围攻之中而别无选择的境地,被强行要求做出违背自身道德意志的选择,被迫让渡本属于自己的合理权益,不然将面临严重的社会性惩罚。这种道德行为表面上是为了维护公共利益和社会公德,本质上却是以道德的名义对他人的胁迫和欺凌,使道德成为限制人的主体性发挥的"异己的力

[①] 参见沈晓阳《论"道德应当"与"道德必须"》,《东方论坛·青岛大学学报》2002年第1期。

量"。被绑架者被置于一种极度不自由的境地，做了没有多少荣誉感，不能获得对方的感恩，不做却被认为不道德。这本质上是对个人自由权利的侵犯，以道德的名义剥夺他人的权利或者逼迫他人主动放弃权利。道德绑架往往伴随着道德认知上的极端化、道德情感上的"寒蝉化"，将一种应该提倡的道德选择上升为唯一，本身就违背了社会多元化发展的现实需要。

网络上的道德绑架事件与现实生活中的道德绑架具有一定的差别，一是参与道德绑架的网民数量庞大，往往给当事人造成了更大的舆论压力。网友们在一些"道德正确"的议题上迅速聚集，占据话语优势，从而造成公共空间对私人空间的挤压和逼视。二是网络道德绑架更多地涉及公共议题，而非个人利益。这些公共利益往往能够引起大多数人的共鸣，参加进来的网民能够获得极大的道德优越感，更容易使网民产生道德绑架行为"合情合理"的错觉，而忽视了个人权利和公共行为的边界。三是道德标准的不统一性。一定社会的道德标准应当具有稳定性，对社会成员是一视同仁的。然而从道德绑架舆论形成的过程来看，网民往往掺杂了标签心态，当道德议题涉及不同人群时，常常采取不同的道德标准，道德绑架常常成为针对特定社会阶层、特定群体的讨伐工具。

道德绑架行为虽然是从善的愿望出发，却并不利于社会道德水平的提升。道德作为一种个人修养，不应该只是衡量和约束他人的尺度，更应该是自律自省的内在要求。而道德绑架将自己排除在道德约束之外，以道德上的高标准来要求他人，对待他人和对待自己采取双重标准，或者对待不同社会群体采取不同标准，本质上违背了善和公正的道德初衷。道德作为调节社会成员之间关系的基本规范，应当以尊重社会成员的基本权利为前提。而以道德的名义将本属于个人生活领域的问题公共化，以数量优势和话语霸权造成网络公共领域对个人生活领域的逼视和挤压，本身就是一种不道德行为。网络道德绑架行为如不加以引导，会加剧网友对于道德生活的错误认知，扰乱社会正常的道德秩序，混淆道德与法律之间的界限，不利于社会主义法治社会的建设，无益于消除群体间的隔阂、促进交流和沟通，也破坏了网络开放、交流、多元的基本价值。

3. 人肉搜索

人肉搜索是在网络时代诞生的新事物，它是与百度、谷歌等搜索引擎的机器搜索相对而言的。广义的人肉搜索是指人们在网络上发问、求助，其他网民进行回答和帮助的过程。狭义的人肉搜索指通过大量网友的信息采集、资料补充来获得某种信息和线索。人肉搜索的理论基础是"六度分隔"理论。① 这一理论说明，人们之间总是存在必然的联系或者关系，而人们与他人联系方式和联系能力的差异会影响人们的社会性行为的实现程度。人肉搜索显示了网络世界空前强大的联系能力，人们要获得的任何信息、要产生的任何联系，原理上说在网络上都能实现。这种搜索方式由猫扑论坛首创，开始的运作方式是：某人在论坛上发帖并提出需要解决的问题，并给予一定的MP②作为酬谢，"赏金猎人"们可以根据自己的专业知识、信息资源等给予解答，最佳答案提供者得到MP。除猫扑外，目前天涯问答、百度知道、雅虎知识堂、新浪爱问、奇虎问答等也提供人肉搜索引擎。人肉搜索本来是网络共享、互助功能的彰显，运用得好可以起到人帮人、人找人的作用，与机械搜索实现良好的互动和补充。但当人肉搜索的对象是具体的人时，大量网友纷纷补充此人的隐私信息，往往导致个人隐私在网络上公开流传。近几年越来越多的人肉搜索与社会热点事件相结合，网友通过人肉搜索的方式公布其姓名、电话、住址、经历等个人隐私，以达到舆论压迫、道德审判的效果。

整个"人肉"过程呈现不可控性。一是参与人数不可控。有的人肉搜索信息可能并不会引起多少人的注意和回应，而有的人肉搜索信息则可能引发大量网友的参与，甚至出现"全网通缉"的局面。二是搜索结

---

① 美国社会心理学家米尔格拉姆（Milgram）提出的"六度分隔"理论也叫"小世界现象"（small world phenomenon）假说，认为任何两个素不相识的人中间最多只隔着六个人，只用六个熟人构成的链条，就可以将两个陌生人联系在一起。

② 指猫币，即猫扑论坛专用虚拟货币。

果的不可控。网友之间相互传递、补充、丰富信息，有时搜索的结果可能远远超出发起者的预期和需要，直到将他人信息"挖尽"，甚至波及与当事人相关的其他人员，当事人隐私遭受严重侵害。三是现实影响的不可控。被人肉的当事人除了承受各种网络暴力，现实生活也遭受严重困扰，甚至累及周围的人。许多当事人不堪压力，甚至选择自杀等极端方式。四是法律惩罚的不可控。人肉搜索参与者众多，提供的个人信息来源不一、真假难辨，当前法律很难对此类行为进行彻底追责和有效惩罚。人肉搜索往往被网友理解为"网络通缉"，是道德审判的合理手段，常常打着"维护正义"的旗号展开，使参与者更有道义上的"合理性"，成为网络暴力的惯用手段。

第五章　网络道德生活中态度偏移的生成过程

作为一种社会现象，网络道德生活中的态度偏移与其他社会事件一样，要经历一定的演进历程，是一个动态演进、不断发展的过程，也是一个由意见量的变化到态度出现偏移的质变过程，有较为固定的生命周期，一般经历生成、发展、消退三个演化阶段。这三个阶段相继发生、密不可分，不同阶段在信息量、网民情绪、态度和行为等方面表现出不同特点。

第一节　道德态度偏移的形成

网络道德生活中态度偏移的形成既有迹可循，又具有一定的偶然性。有迹可循表现在，易引发群体态度偏移的道德议题具有某些突出的特点。然而，议题能否进入公众视野，还受到当时的社会环境、群体特点、传播环境等多方面因素的复杂影响，具有偶然性与不确定性。

1. 道德议题出现

信息源是刺激网络群体产生态度偏移的基础。社会生活千变万化、纷繁复杂，每天都有各种议题在网络上传播。以最经济的方式运用心理能量是人类心理活动的内在要求，而"注意"这一行为需要消耗大量的心理能量。人的心理能量和认知能力是有限的，这就决定了人的注意力是有限的，不可能同时关注很多对象，只能将注意力聚焦在少数重要对象上。在浩如烟海的网络信息中，大部分信息如流星般稍纵即逝，无法引发全网关注，只有少数议题能够在信息浪潮中浮出水面，引起人们的注意。能够引起人们注意的内容，要么与个体生活密切相关，要么具有超乎寻常的价值和特征。在网络道德生活中，对社会公序良俗构成重大挑战的、涉及社会公平正义的、负面影响较大的议题更容易引发网民群体性的关注。道德议题的这些特征标明了议题所具有的特质性要素，一些议题可能只具有一种特质，一些议题可能具有多种特质。具有更多特质的议题更容易引发态度偏移。

第一，善恶冲突大的议题。一定社会的道德规范是社会规范系统的重要组成部分，道德规范所蕴含的道德价值体现了特定时期的社会价值导向。在我国快速发展的过程中，社会生活中难免会产生现代与传统、主流与支流、集体与个人之间的矛盾冲突，而这些冲突表现在道德生活中，就是道德价值的冲突、道德评价的多元、道德追求的差异。一些道德议题涉及道德规范中的重要方面，集中代表了道德生活中的矛盾冲突，挑战了社会主流的道德价值，具有新异性、典型性，或者含有不公平、不道德，从而激起网民维护主流道德价值、促进社会公平正义的强烈要求。因此，道德议题所体现的道德冲突越激烈，越容易引发网络讨论。高度的冲突性使这些议题从众多网络信息中脱颖而出，成为道德舆论的关注焦点。

道德议题的新异性也是冲突性的表现。所谓新异性，是信息新颖奇异的特征，本质上体现的是该信息与网络舆论场中其他信息以及既往信息的差异性。差异性越大，新异性越高。新异性是信息传播价值的重要体现。人们总是更喜欢追求新鲜感从而逃避无聊感、厌倦感、紧张感，表现在信息选择中就是更愿意关注生活中闻所未闻的、能够给人们新鲜感受的信息。新异性实质上是某一道德议题表现出的与道德经验、伦理原则的冲突。这类议题具有显著性、突发性、反常性，因为反经验、反常规、反伦理而引起公众的关注，人们在好奇心理驱动下会激发进一步探究事件更多信息的兴趣。与主流价值、主流观点、社会普遍认可的结论形成矛盾与冲突的议题，也具有突出的新异性。议题的新异性也给道德评价提出了挑战，激发了人们进一步深入讨论的热情。

第二，初始信息模糊的议题。媒体传播应当提供客观、真实、清晰的信息。在传统媒体中，不确切、未经验证的信息是不能进入传播议程的，这也是传统媒体权威性和严肃性的重要基础。但网络传播把关人缺失，人人都有麦克风，人们的信息可以不经任何验证和把关就发表出来，导致网络信息传播的真假难辨。事件完整的、真实的信息被少数人掌握，而网络传播的信息具有碎片性、不完整性。普通网民既不具有对信息真伪进行甄别的专业能力，也因为网络的脱域性而对议题发生的具体情境无从了解，这导致人们很难对议题的缺失信息有深入了解。如果一个议题具有较大冲突性和利益相关性，而又模糊不清，其蕴含的重大注意价值与信息本身的含糊不清就构成了冲突性。这种冲突性进一步激发了网民的好奇心和探索欲，人们对自己尚不完全清楚、不能完全把握的事情会产生强烈的兴趣。

模糊的信息还给了人们想象的空间，群体讨论在想象空间内有很大的余地。当消极心态成为人们的心理背景时，这种想象还会与固有认知和消极情绪联系到一起，产生负面推论，成为潜在的社会情绪的寄托物。人们会自发组织起来，通过人肉搜索、既往经验等为事件"补充信息""取得证据"，形成一场道德讨伐的狂欢。如果当事人没有及时提供完整信息，主流媒体和相关部门没有权威信息跟进，政府或者相关管理部门反映淡漠、遮遮掩掩，信息不透明、细节不公开，或者处理不公正、不妥当、不及时，便会增加网民的猜测，负面推论就会越来越偏激，各种谣言和小道消息满天飞。一些议题的模糊性是源于信息发布者为了制造热点议题，刻意模糊初始信息，激发人们的讨论兴趣；而一些议题的模糊性则是源于信息的不公开、不透明，激发了公众的探究欲。

第三，接近性高的议题。接近性是议题价值的关键要素之一，决定了议题的重要性和公众对议题的关注度。议题的接近性指议题与受众在空间上、情感上、利益上、身份上的接近。一是空间上的接近性，是指议题发生场域与受众生活场域的接近性，例如人们对发生在本地的、本省的、国内的事情一般比发生在相隔甚远的其他地方的事件更为关注。

一些道德议题就是从本地论坛、网站等平台发源，引发当地网民的热议，从而推向公众视野的。二是情感上的接近性，是指道德议题与网民普遍情绪的契合性，是否能够引发网民道德情感上的共鸣。情感共鸣是人群集聚的重要原因，也是道德舆论形成和发展的重要动力。道德情感在道德心理中占据着核心位置，具有动力作用，因此情感上的接近性更容易激发网民关注。社会生活中积聚的社会情绪作为一种情绪背景存在于网络中，因为没有明确对象指向而不易于表达，平时处于蛰伏和潜在状态。一般的道德议题无法激起这种情绪的表达意愿，或者网民的反应较为分散，难以形成强烈的一致的态度倾向。而刺激性的道德议题与人们的普遍情绪契合度较高，与人们固有的认知框架和态度倾向有一致性，容易激起人们的道德愤怒和道德震撼。因而那些蕴含有某种情绪色彩、具有明确情感导向的议题，更易成为道德舆论聚焦的议题。三是利益上的接近性，是指道德议题与网民的日常生活、普遍利益的相关性，那些与人们生活的获得感、幸福感、安全感息息相关的议题总是更容易引发网民的关注，例如与医患关系、食品安全、社会分配等方面内容相关的议题等。四是身份上的接近性，是指当事人的社会身份、社会处境与网民的相近性。这种接近性可以是年龄上的接近性、职业上的接近性、社会角色上的接近性等，甚至可以是更广泛意义上的社会地位上的接近性。这种接近性会激发人们的群体意识，使人们产生维护群体利益的冲动。

道德议题初始出现时，虽然具有引发态度偏移的潜在特质，但还不足以引发态度偏移。一是具有分散性特征，指这一阶段道德议题传播的主体具有分散性，传播的载体具有分散性，意见倾向也具有分散性。一般道德议题起初只是在网络上零星出现，网民的关注和评论比较零散。议题往往是在某些网络媒体零星传播、孤立出现，并没有成为主要议题和热点议题。网民的意见群体没有形成，无论是发布者还是转发者都是分散而孤立存在的，没有产生大量集聚和互动行为。二是具有碎片化特征，即道德议题刚刚呈现在网络上时，常常只有只言片语、零星信息，

第五章 网络道德生活中态度偏移的生成过程

有些还是被故意截取、歪曲了的信息，使人们获得的信息不清晰、不完整、不具体。三是具有不确定性特征，这种不确定性既指信息内容的不确定性，也指意见倾向的不确定性，还包括舆论走向的不确定性。这一时期因为舆论尚未定向，是最易引发"蝴蝶效应"的时期，初始信息溢出的时间、场域、主体特征、信息中的一些细节等，都可能成为影响舆论走向的"蝴蝶的翅膀"。

2. 网络热议形成

网络热议是道德生活中态度偏移的必要阶段。那些具有引发态度偏移潜质的议题，如果能够引起网民的热议，议题就成功进入了公众视野。网民参与讨论的热度如果持续上升，就有可能将道德议题推入下一个发展阶段，进一步提升了态度偏移发生的可能性。网络热议是舆论从分散性、不确定性向集中性、确定性发展的过程。

第一，议题相关信息大幅增加。网络是一个信息世界，网民不是处于真实的空间中进行交流，而是依赖网络信息技术进行交流。在态度偏移形成、发展与消退的全过程中，网络信息都发挥着重要作用，它既是道德议题的载体，又是网民意见的洪流，网民之间就是依靠网络信息来进行交流、碰撞、感染和激发的。网络相关信息数量的多少是衡量网络议题热度高低的重要标准。议题的相关信息包括关于议题内容和过程的信息、对于议题意见和评价的信息、对于议题价值和意义的信息等。相关信息量越大，表示该议题在网络上的流量越高，网民的关注度越高。在这一阶段，相关的网络新闻（帖文）数量、微博数量，以及网民的回复数量、评论数量都大幅增加，表示该议题的网络传播热度在持续上升。信息量的增加，一方面表现为信息广度的提升，即议题的相关细节的补充。相比于初始阶段模糊的信息、概括的信息，这一阶段事件详细信息不断被媒体和网民补充，信息更加丰富、立体。另一方面表现为信息深度的提升，即不但事件本身的内容信息在增加，而且关于事件价值和意义的信息也涌现出来，人们对于事件深层次因素的讨论逐渐增多，形成了越来越丰富的信息链条。

第二，网民意见群体开始形成。一方面表现为意见表达主体的增多。随着信息的增多，拥有相同意见倾向的网民人数开始增多，并出现聚集倾向。除了提出议题的当事人、目击者、新闻发布者外，更多与事件无直接利益联系的人加入进来，包括意见领袖、专业媒体人、新闻编辑、网络推手等。另一方面表现为意见表达数量的增加，相关信息的阅读、点击、回复、评论、转载等网络行为大量增加，网民通过这些方式互相讨论、相互推动，使意见倾向性不断增强，意见的情绪性也越来越强。但此时的讨论仍然较为温和、理性，尚未出现明显的认知、情感和行为偏移，不同观点仍然有争论和表达的机会。

这一阶段，网络意见的参与者出现了层级的差异。一是议题发布者。他们是议题的爆料者，可能是当事人、在场的其他人或者知情人。他们发布信息的动机不尽相同，可能出于维护社会公序良德的道德责任，可能出于制造网络话题获取好处的利益驱动，也可能有着各种网络力量的幕后操纵，还可能是哗众取宠、戏谑玩笑的无聊之举。但因为他们发布的议题具有引发道德舆论的特质，他们成为引发公众舆论的导火索和议程设置者。二是意见发布者。他们参与意见发布的动机也有不同，一些人是出于道德责任与道德愤怒，也有一些人是出于相近情感体验激发的负面情绪宣泄，还有人仅是出于恶搞跟风、参与起哄。其中有少数人成为网络热议的重要推动力量，他们表现出了强烈的道德情绪、坚定的意见立场，并且持续地、极富煽动性地对事件进行关注和评价，产生了广泛的感染力。三是网络看客。在多种因素的推动下，网民逐渐聚集在这一议题下，关注议题的发展走向，但并不发表意见。他们的关注提高了相关议题的点击量、浏览量等热度指标，推动了议题热度的进一步提升。他们的沉默，有可能是出于参与热情不足，也有可能是因为意见尚不明确，还有可能是因为意见不同，感受到强烈的意见气候而选择沉默。这部分人在一定的动员组织下有可能转化为意见发布者，是加剧群体道德偏移的潜在力量。这些网络意见参与者可能从属于某种稳定的非正式群体，例如某论坛、微信群等，也可能只是因为该议题而产生

第五章　网络道德生活中态度偏移的生成过程

临时的聚集，形成临时性、极不稳定的群体，例如评论区等。在一些道德议题中，往往是这两种情况同时存在，议题不但激发了已经存在的非正式群体的讨论热情，而且将一些人吸引和聚集起来，形成了大大小小的临时性群体。

第三，网络互动快速增加。社会互动是社会活动主体的相互影响、相互作用的过程。马克思指出："社会——不管其形式如何——是什么呢？是人们交互活动的产物"[1]。互动是社会成员之间以及个体与社会之间相互依赖关系的反映。网络进一步拓展了人们互动的时空范围，网络社会是通过网络的虚拟互动构建起来的社会，互动是网络社会存在的基础。在网络上，人与人之间的互动以计算机为媒介开展，因此形成了以人机互动为中介的社会互动。人们通过网络交换信息、交流思想、沟通情感。在网络中，很容易形成各种群体，产生群体内的互动。在网络热议阶段，人们针对态度偏移议题的互动增加，起初是关于议题信息的互动交流，随着互动的深入，一些人会进一步关注议题的深层次要素，从原因、背景、文化、伦理、社会等层面进一步对议题进行探讨。网络互动增加，既是议题相关信息增多的结果，也是议题热度提升的原因。正是因为议题相关信息在网络信息中日益凸显，引发了公众的广泛关注，人们对相关议题的互动才会增加；而人们在互动中产生的信息交流、信息补充和信息解释又成为新的信息源，促进了议题相关信息的丰富和发展。

第四，议题传播途径出现多元化。议题传播范围越广，说明该议题的社会关注度越高，媒体价值越大。引发态度偏移的议题可能出自媒体的发布，也可能出自个人的爆料。追逐社会热点是媒体的重要使命，在生存竞争异常激烈的网络媒体中尤其如此。那些具有引爆道德舆论潜质的议题，将被寻求热点的网络媒体敏锐捕捉到。起初在少数媒体零星出现的议题，逐渐从社交媒体、自媒体扩散到网络媒体、主流门户网站、传统媒体，尤其是主流门户网站的报道，极大地推动了议题热度的提

---

[1] 《马克思恩格斯选集》第4卷，人民出版社，2012，第408页。

升。经过网民的转发、转载，媒体的跟进报道，议题相关信息逐渐占据了媒体报道的显要位置。媒体通过开设专题报道、置顶、加精等方式进一步提升了议题的热度，网络媒体开辟的专题讨论区则进一步促进了网民意见表达，推动了意见气候的形成。传播还从网上走向网下，传统媒体也开始进行报道和评论。网络媒体的即时性、灵活性与传统媒体的严肃性、权威性互相补充、相互推动，进一步促进了议题的传播和扩散。从扩散方式来看，这一阶段议题也不再局限于人际传播，而是向群体传播和大众传播转化。如果说人际传播是链式传播的话，大众传播就进入了放射式传播的状态，每一个传播节点都会引起传播数量的几何级数增加，一些原来在圈子中传播的议题走向公共领域，在更大规模的群体中流传，一些圈层内的意见也扩散出去，影响了网络意见倾向。

3. 集群行为产生

网络热议的持续发展，就会激发集群效应。集群效应是在集群行为中产生的社会效应。美国著名社会学家戴维·波普诺提出"集群行为"的概念，认为"集群行为"是"在不稳定的情况下具有不可预料性、相对自发性和无组织性等特质的对某一共同刺激产生一致反应的行为"[1]。共同刺激是集群行为产生的基础，群体一致的反应是集群行为的基本表现，而不可预知性、自发性、无组织性是集群行为的基本特征。大型群体、特大型群体中更容易发生集群行为，而互联网的超强汇聚能力和超大容纳能力，为特大型群体的产生提供了条件。它像一个容量无限的大广场，在最短时间内将不同地域的人们集聚和号召起来。因此，网络集群行为是"集体行动的媒介延伸和集群行为的新形式"[2]，会产生更加显著的集群效应。

从发展过程来看，网络集群行为开始于网络热议引发的网络舆论和情绪的不稳定状态。一般情况下，网络舆论处于准平衡状态。各种议题

---

[1] 〔美〕戴维·波普诺：《社会学》（第十版），李强等译，辽宁人民出版社，1999，第566~567页。
[2] 弯美娜、刘力、邱佳：《集群行为：界定、心理机制与行为测量》，《心理科学进展》2011年第5期。

分散着网民的注意力，网络热点有序迭代。网络热议逐渐将某一刺激性议题推向公众视野，通过多种传播途径聚集起越来越多的注意力。而舆论注意力的聚焦又反向推动了该议题热度的攀升。在议题热度持续攀升的过程中，网络舆论场的平衡状态被打破，网络资源开始向该议题集聚。这种聚集不同于上一阶段网络群体的形成，而是基于一种躁动、焦虑、兴奋的情绪状态的自然哄起。这是因为，舆论平衡破坏后引起了人们心理的紧张和失衡，人们通过情绪化的网络参与来释放心理张力。在这种张力的推动下，网民开始自发聚集。经过网络动员的推动，那些具有相似心理场和共同群体记忆的网民会产生相互吸引，自然聚集到一起，形成一定的网络群体。

网络集群行为一般没有固定组织方式、组织规范、明确目标和特定规划，也没有确定的组织者和领导者，参与群体属于非正式群体。在道德议题出现之前，这些非正式群体可能是已经长期存在的群体，例如有稳定成员的论坛、微信群等，也可能并不固定存在，只是暂时聚集，例如新闻评论区等。道德议题本身的性质、特征，当事人的身份，以及网络动员时的情感定向，都可能影响该议题的民众聚集度。能激发网民强烈集群愿望的议题，往往有着强烈的善恶价值，严重冲击社会伦理规范。对道德榜样的崇拜和赞赏、对受害者的强烈同情、对加害者的强烈憎恶、对道德现状的深深焦虑，就成为人们自发聚集的共同情感基础。网络凭借着强大的聚合能力，将越来越多的网民聚集起来，群体规模滚雪球式地膨胀，网络讨论越来越活跃。群体集聚了巨大的能量，为态度偏移的发生奠定了基础。

集群行为的发展具有很大的不确定性。集群行为不是有组织、有预谋的群体行为，而是议题刺激下人们的自然聚集行为。虽然其中有网络动员的参与，但因为动员者与网民处于平等地位，不具有绝对的领导力和号召力，网民的聚集仍然主要是自发的。集群行为的自发性决定了其发展的不确定性。因为无组织、无规范、无领导，没有人能预测集群行为的发生，同样也不能预测集群行为的发展趋势。网络集群行为往往不单表现为一场情绪的大狂欢，不仅是短暂的情绪发泄，而是从具体的议题引发，向相关议题扩散。网民的讨论刚开始是针对特定道德议题的，但随着群体情绪的高涨，人们逐渐开始将议题泛化，向社会的、文化的、政治的周边议题推演。过多的问题卷入、不合理的逻辑推演，进一步推动了网民的过激情绪，而过激情绪的增加又会导致更多的议题卷入，二者之间螺旋式推动，逐渐升级。群体情绪不仅超越了道德议题而扩散到其他议题，而且在网络传播中呈现快速扩散态势，从少数媒体向多数媒体蔓延，成为全网关注的热点。其间卷入议题的特征、性质，卷入时机的不同，各种偶然性因素的加入，都可能影响事态的发展，其最终走向具有不确定性。

第二节 道德态度偏移的发展

在集群效应的影响下，群体意见较易出现偏移，意见的交流和讨论有时被情绪交流所淹没，一些网民的情绪处于高度激发状态，出现狂热倾向和过激行为，甚至网络暴力从网上发展到网下。需要说明的是，高涨是发展的一个阶段，高涨期与发展期没有质的差别，只有量的差距，很难将二者进行清晰划分。从意见偏移到情绪偏移乃至行为偏移的过程，就是一个态度偏移持续发展直至高涨的过程。另外，为了便于研究，将网络道德生活中态度偏移的发展过程分为意见偏移、情绪偏移和行为偏移三个方面。在实际道德生活中，这三个方面往往不是严格按照前后相继的顺序发展的，而是相互交织、相互推动的。一般而言，态度偏移发展的初期，意见偏移的特征更为显著，发展的中期，情绪偏移的特征逐渐凸显，发展的高涨期，行为偏移就有可能出现。

1. 意见偏移

意见的极端化偏移是态度偏移现象的主要特征，也是群体态度偏移形成的最重要标志。意见态度偏移阶段是群体一致的意见倾向逐步明朗化、口号化、概括化的阶段，网络舆情热度上升减缓，但集中度明显提升。道德议题以社会道德规范为评价标准，因为社会道德规范在一定时期内是稳定的、明确的，人们的道德评价结论也较易达成一致，这是道德议题与其他社会议题、文化议题等的重要差别。因此，在网络道德议题的传播过程中，意见更容易跨越群体、阶层和其他社会差距而达成最大规模的群体一致，即以社会普遍的道德规范为依据，网民做出了一致的道德判断。这种一致的判断很容易演化成为集体的武断，陷入将善与恶抽象化、简单化的认知偏向。

第一，网络意见气候的形成。

道德议题的意见态度偏移是从意见气候形成开始的。意见气候是群体中意见的分布情况，营造了一种群体意见的氛围。这种氛围可以以有形的意见表达为载体，也可以是一种群体成员能够感受到的无形的意见倾向。为了避免群体孤立，群体中的个体会不断探索和判断群体意见气候，决定自己外显的态度和行为。这种气候是在群体意见交流中形成的，也在群体意见交流的过程中被群体成员所感受到。经过酝酿阶段的网络热议，人们在大量的信息交流中逐渐分化出强势意见和弱势意见，强势意见的扩散逐步形成网络中关于这一议题的意见气候。一些意见因为支持者众多、话语权突出而成为强势意见，对弱势意见形成人多势众的围攻态势。

对于道德议题而言，强势意见是那些占据道德高点、立足于群体情绪基础、具有人数优势的意见。而且，往往具有极端道德情感的意见更容易成为强势意见，那些理性的思考、辩证的分析、冷静的质疑、中立的评价，因为情绪价值不足而往往成为弱势意见。强势意见形成了一种压制不同意见的"意见气候"。那些原本意见倾向不明确的人会观察群体意见气候，对意见主流和走向做出判断，选择相信和追随群体意见，群体趋同的机制逐步发挥作用。而之前有意见倾向的人，则在群体中与他人意见进行比较，如果不一致就选择沉默，如果一致就大胆表达，甚至表达得比其他成员更加激进。

许多媒体的议程设置方式也对意见气候的形成有推动作用，如有的网络媒体让网民对观点投票，将获得支持最多的观点置顶显示，对网民参与评论不设任何限制。例如腾讯新闻按照评论获得支持数进行排序，置顶显示的是网友支持和点赞最多的观点，那些支持较少的观点则逐渐沉没下去。这种设置强化了人们对意见气候的判断，推动了态度偏移观点的传播和舆论的态度偏移。这时，一些意见领袖作为群体中的意见权威逐渐凸显出来，获得了极大的话语影响力，促使分散的舆论表达向他们的意见表达方式集中。他们用更加精准的语言、更具有煽动性的情感、更全面的论据，概括和阐释群体意见倾向。有些议题还会有多个意见领袖表达一致的观点，进一步提高了网络动员效果。意见领袖的出现标志着态度偏移已经从集群行为阶段走向群体态度偏移阶段，群体从自发、无组织走向了组织化。

第二，群体"去抑制"。

在集群效应的影响下，群体的心理感染和暗示作用开始逐渐显现，循环反应机制发挥作用。类似的意见和信息大量呈现，持有相同意见的网民互相影响、暗示和肯定，使该议题的信息"窄化"现象日益加重。他们筛选同自己观点相近的意见进行浏览，从而使自己的观点显得更加合理和正确。群体成员间相互的支持、激励会产生假想的群体认同，获得这种群体认同是许多人参与群体讨论的重要动机。群体一致的观点使群体成员获得了归属感、满足感和力量感，仿佛获得了强大的后盾，自我肯定的信念得以进一步强化。这样，群体互动逐渐朝着认知趋同的方向发展，群体成员原有的认知倾向会变得更加坚定和极端，个人在群体中的"去抑制"现象开始出现。

第三，群体意见隔离。

为了维护群体一致，群体会自发形成信息壁垒，对不同意见进行隔离。社会隔离的方法有两种：一种方法是对不同意见进行刻意回避，仅选取与群体意见一致的信息进行传播；另一种方法是寻找驳斥不同意见和支持群体意见的证据，对不同意见进行曲解、贬损。在意见气候逐渐明朗、意见领袖强势发声后，许多观望者开始表现出顺从群体的态度，而持异议者面临着巨大的表达压力。因为道德议题关乎善恶价值，如果有人提出与群体不一致的意见，其自身的道德水平和道德修养就会被群体质疑，道德形象将受到挑战和冲击，因此不同意见者在群体一致的意见气候中没有勇气说出自己的观点，而是保持沉默，或者为了塑造自身在群体中的道德形象而附和他人。异见人士的沉默和附和使强势意见愈加强势，弱势意见日益沉默下去，"沉默的螺旋"效应凸显。另外，这种高度的群体意见一致造成了网络意见"没有分歧"的假象。这并非真正意义上的意见统一，而只是同一种意见倾向不断的、重复的、强势的表达，同时排斥和压制不同意见造成的结果，因而只是一种"一致"假象。一旦假象被戳破，意见一致就可能被瓦解。这也是态度偏移现象达到高潮后能够快速消退的重要原因。

2. 情绪偏移

态度偏移的道德议题一般具有强烈的道德意蕴，内含着强大的情绪能量。在态度偏移形成和发展过程中，情绪始终是最重要的推动力，群体情绪的变化也是态度偏移发展变化的风向标。议题提出的阶段，发布者已经带有了某种情绪设置，这种情绪设置对于该议题之后的情绪发展方向有重要影响。在议题作为网络热点传播的阶段，情绪逐渐随着议题的传播而扩散。集群效应产生后，群体内部的频繁互动进一步激发了群体情绪。随着群体意见一致的达成，意见气候的明朗，群体非理性逐渐战胜理性而占据上风，集体无意识进一步显现。

第一，群体循环反应。

聚集起来的网民在集群效应的推动下，在频繁互动的过程中，情绪的循环反应愈加显著。一方面，群体意见态度偏移会导致信息窄化，在狭小的信息空间中，群体成员反复受到相似信息的刺激，心里很容易变得焦躁、不安，更容易接受情绪暗示，情绪像火种一样在群体内流淌，一触即发。另一方面，群体内情绪发生感染。人们的情绪易受他人感染，这是正常的社会心理现象。在一个庞大的群体中，当人们的注意力聚焦在同一议题时，成员之间在频繁互动中互相鼓励、互相暗示、碰撞、激发，一些人会逐渐变得狂热、焦躁、冲动，言行越来越过激。群体越大，共同情绪的感染力就越大，最终形成了一个能量强大的情绪场。身处这一情绪场中的个体感觉淹没在群体中，会不自觉地随波逐流。一些人本身参与到群体讨论中就是盲目跟风的结果，加入之前可能只是出于好奇、关心，持有看客心态，立场和态度并不明确，目的和动机也十分模糊，并不准备表达某种情绪。加入群体后，被群体的情绪所感染，逐渐接纳了群体的意见，从一名沉默者、观望者转变为一名参与者、支持者，淹没在群体情绪的洪流中。

如果人们处于某种现实世界的共同场域下，情绪可以通过观察他人的表情、语言和行为获得传染。而网络活动身份不在场的特点，使得人们感受到的空间压迫感、行为感染力降低。但这并没有降低网络集群行动的群体感染力，网络上的群体感染主要是靠极端的语言表达、情感倾向明显的资料呈现、群体间的频繁互动来推动的，这种传染力毫不亚于现场的气氛压迫，并且因为网络群体规模远远超出现实群体，互动快捷而频繁，群体情绪感染更易发生。道德议题的讨论尤其如此。因为道德生活遍布于日常生活之中，与每个人息息相关，道德情感在个体道德心理系统中具有动力性作用，道德议题总是更能够激发网民的共同情感体验，使人们产生强烈的代入感。

第二，群体非理性高涨。

情绪感染使得群体情绪的非理性占据主导，出现狂热倾向。情绪逐渐成为意见交流的主导，不同意见表达变得异常艰难，常常面临被网暴的风险。网友对事件的讨论不是对因果联系、道德价值、社会根源等理性的分析深入，而是不断渲染和拔高情感价值，泛化情感指向。人们的焦虑、不安情绪加剧，逐渐出现情绪迷航，独立的思考和判断能力降低，极易接受群体暗示，卷入群体的情绪洪流中。在道德议题态度偏移中，不仅有对社会道德现状焦虑、不满的情绪，有维护社会公平正义的道德情感，还掺杂了道德生活之外的其他情绪，如社会生活中的怨恨情绪、失衡感和被剥夺感，导致道德情绪出现泛化，对道德议题的讨论也开始偏离最初的方向,指向社会生活中的突出矛盾。在网络群体的情绪表达中,人们往往并不是面对面的情绪传递,而是透过激烈的措辞、极端的表达相互刺激和感染。为了在群体中脱颖而出,一些人力求用更加极端、更具有煽动性的语言表达情绪,使群体表达越来越偏离理性,加上网络哄客和网络推手的推波助澜,对事件的讨论演变成一场情绪的狂欢。

第三,网络谣言滋生。

非理性情绪的高涨使人们更容易制造、接受和传播谣言,谣言又进一步推动了群体情绪,二者相互助推,逐渐升级。议题虽然进入了公众视野,但信息模糊。如果这时公众难以获得权威信息,群体情绪会变得更加焦虑、不安,以至于迫切寻找其他渠道的信息缓解信息焦虑。在信息需求的推动下,谣言就开始滋生。奥尔波特提出谣言传播有三个特点:磨尖、强调和同化。所谓"磨尖",就是对信息进行断章取义地截取,对这一部分信息进行编排、突出和加工,其他信息则忽略、模糊或丢弃。所谓"强调",就是只保留信息中"有用"的部分,其他细节淡化。这种"有用"信息不一定是事件的核心信息,往往是对公众有强烈刺激作用的细节信息。所谓"同化",就是谣言制造者以自己的认知、态度、价值为基础对信息进行改造和再加工。[1] 这种信息改造的主观愿望是为了提升信息的说服力、可信度和传播力,往往能够激发公众的共情和联想。网络传播更容易产生谣言,因为人们在匿名状态下认为自己不需要对信息的真实性负责,信息的发布和传播也不需要经历严格的审核。谣言在传播过程中不断地融合传播者的情绪和主观认知,信息的磨尖、强调和同化作用越来越显著,信息离真相越来越远。

随着态度偏移的发展,舆论还有可能发生各种反转,增加了传播过程中的不确定性。舆论反转一般出现在议题的信息获得补充之后,对态度偏移初期的舆论变形有一定的纠正作用,但舆论反转并不能完全消除

---

[1] 〔美〕奥尔波特:《谣言心理学》,刘水平、梁元元、黄鹂译,辽宁教育出版社,2003,第17~29页。

舆论风暴产生的破坏性影响。同时，舆论反转只是改变了舆论的风向，并不能完全扭转舆论非理性化的状态。只要态度偏移的情绪高涨阶段没有消退，群体舆论就仍然呈现"非黑即白""非对即错"的极端化状态，舆论与客观事实之间就仍然存在距离。有时，不同方向的舆论还形成了"对流"，展开激烈的对抗和争辩，各种信息、谣言乘机滋生，导致人们对信息真假难辨。

3. 行为偏移

群体情绪的高涨，易使群体成员焦躁、敏感、亢奋和不安，一些群体成员"去抑制"现象逐渐呈现，有些成员的社会责任感、自我控制力下降，暴力和破坏的原始冲动占据了上风。在人的心理系统中，情感具有动力作用，能够承接人的认知、激发人的行动。而情绪是更为直接、更为原始、更为基本的情感内容，与人的生理需求紧密联系在一起，能够使人处于应激状态，很容易激发相应行动。群体情绪膨胀到一定程度时，一般的语言表达已经无法承载群体情绪，巨大的情绪能量要求以行动加以宣泄。群体行为暴力的对象，主要是针对道德谴责的指向者，但往往会发生泛化，受谴责者的家人、身边的人也会被累及，甚至那些持不同意见者，也有可能面临网络暴力的围攻。

暴力原本是指对他人人身、财产安全进行侵害的行为。网络互动的虚拟性决定了网络暴力不是以直接的人身伤害和财产侵害为目标的，而是主要采取语言暴力的形式。隔着互联网，人与人的攻击很难有现实接触，人们的攻击活动只能通过语言攻击来实现。语言暴力与其他暴力不同，它是通过语言刺激达到名誉伤害、心理伤害、隐私侵害等。但语言暴力对人们的伤害并不比其他暴力行为更轻，它可以导致人们心理上的巨大压力，甚至导致人们的"社会性死亡"。网络交流主要是"符号交流"，人们的网络活动就是符号化的交流活动。正常的网络意见表达和议题讨论仍然是有一定理性基础的，即使包含有非理性情绪，也仍然要基于事实，讲清道理。而演化为人身攻击、侮辱谩骂之后，就完全是简单粗暴的情绪宣泄，成为一种典型的语言暴力。这种语言暴力超出了事

第五章 网络道德生活中态度偏移的生成过程

件评价本身，用侮辱性的语言对当事人进行谩骂、诋毁与诅咒，以语言攻击的方式对当事人进行伤害。在网络热议阶段，网络语言更多表现为信息的传播、真相的探索、意见的表达，从语言形式上来说更多的是陈述，虽然也有情绪化的议程设置，但不占主导地位。在意见偏移阶段，网络语言表述变得专断、极端、排他性强，但其中仍然有明确的信息指向。在情绪偏移阶段，网络语言不再是交流的工具，而是攻击的利器，情绪化、无信息、无意义的谩骂、诅咒占据了主导，有的人的发言的目的不再是表达观点、交流信息，而是通过嘲笑、谩骂、侮辱等发泄情绪、实施伤害。

在道德议题态度偏移的高涨阶段，网络语言暴力主要体现为三种形式。一是侮辱谩骂。谩骂是用粗俗的、侮辱性的语言进行语言攻击，以此达到伤害对方心理、声誉、形象等目的。从谩骂用语和方式来看，网络谩骂比现实社会的谩骂的形式更加多样，出现了网造图片、网造符号、谐音字、数字等网络新骂语。二是恐吓诅咒。以某种现实性危害对对方进行威胁，或者以某种极端恶性后果对对方进行诅咒，以造成对方的心理恐惧和压力为目的。三是刷屏灌水。短时间内大量发表重复的、无意义的内容，以达到扰乱正常交流秩序、淹没其他信息、侵害网络资源的目的。

为了强化攻击的效果，一些网民还经常交叉使用以上几种语言暴力方式。网络语言暴力虽然具有很大杀伤力，但因为网络交流的虚拟性和间接性，存在伤害上的间接性。在虚拟身份的掩护下，网络语言暴力可能无法对被攻击者产生实际的人身损害，如果被攻击者置之不理或者对网络舆论关注不多，就会导致网络讨伐变为一些网友的自娱自乐。当语言暴力没有达到网民期望的惩罚效果时，一部分网民就会产生挫败感。从心理学的角度讲，挫败感是暴力行为的重要诱因。少部分网民有可能开始寻求更现实、更直接的暴力伤害行为，将网络暴力从线上虚拟世界转向线下现实世界。人肉搜索成为这种转化的关键环节。通过人肉搜索，网络身份从虚拟走向现实，激动的网民可以循着电话、住址、照片等个人信息找到当事人,实施骚扰、侮辱、恐吓、举报等更为直接的伤害行为,对当事人造成直接的攻击。如果说网络语言暴力还游走在法律边缘,许多语言暴力难以界定的话,人肉搜索与相应的线下骚扰,就是对他人人身和财产权的现实侵害,属于典型的违法行为。一些网民表现出不允许反驳、不接受讨论的态度,人肉搜索不仅作为对道德对象的攻击手段,而且作为排除不同意见的手段,只要有不同意见表达,就开始对表达者人肉搜索,并通过搜索出的个人信息进行现实骚扰。

第三节 道德态度偏移的消退

马克思主义哲学认为,任何事物的发展都是波浪式前进的。信息的传播也是如此,有缘起、高涨,也必然会有回落、消退。有时候涨得越高、越快,回落也越快。因为舆论场的信息能量和人们的心理能量都是有限度的,短期内大量的信息涌现会逐渐降低信息的吸引力,人们情绪的极度高涨也耗费了大量的心理能量,这种高消耗的心理状态难以持久。一个议题较长时间没有相关新信息产生后,信息刺激就会衰减。态度偏移在情绪和行为的高涨后,如果该议题没有新的激发因素加入,随着相关事实的澄清、相关问题的解决、新热点的出现,必然会逐渐回落,进入消退阶段,问题获得解决或者信息逐渐明朗,群体讨论热度降低,网民纷纷散去。

1. 态度偏移消退的表征

网络信息量消减。首先表现为新信息的加入逐渐减少。信息与情绪是互相助长的关系,如果网络群体的情绪是"火",那么不断产生的新信息就是"柴"。在态度偏移发展的阶段,关于事件的大量的相关信息不断补充,持续刺激网民的情绪,而网民高涨的情绪又刺激网络媒体不断提供新爆料。但当"柴"逐渐耗尽,网民出现信息疲劳时,"火"也就逐渐熄灭了。在经过大量的信息挖掘后,特别是在权威的澄清、妥善地解决后,该议题也就再难以产生新的流量价值,人们开始寻找新的热点。因此，网络媒体相关信息的减少，不仅是态度偏移逐渐消退的标志，也是网民情绪回落的必然结果。另外，信息传播空间也开始逐步缩小。网络信息传播空间的大小是网络信息传播热度的重要标志，高热度的舆情事件往往伴随着多层次、多方式、多点传播，而传播空间的压缩也标志着信息热度的下降。在衰退期，转载和报道该议题的网络媒体越来越少，主要门户网站的专题新闻量减少，占据的版面在缩小，微博、微信的转发量降低，该议题的帖子逐渐下沉，中心词语在搜索引擎中的搜索频率也逐渐降低。

信息传播能量降低。从网民层面讲，人们对那些信息模糊的议题更感兴趣。当经过态度偏移的形成、发展、高涨等过程后，该议题的信息已经逐渐明确和完整。特别是当事件有了确定的结论、权威的澄清后，网络讨论空间就逐渐缩小，人们对它的兴趣度随之会降低，表现为网民的点击量、跟帖和回复量急剧减少，转载量降低，新的评论出现越来越少。从意见领袖层面讲，他们之所以在议题的发起和动员阶段能够起到重要作用，就是因为当时意见倾向不明确、信息不充分，一般网民对信息的获取和分析能力有限，需要有意见上的"看齐者"和"追随者"。当信息充分披露，尤其是有了当事人和官方的准确回应、权威评判后，网络意见领袖的意见优势就随之丧失，他们的相关评论就会减少，或者即使仍然有相关言论，其吸引力、引领力、传播力都相应降低。从媒体层面讲，媒体追逐热点的本性使它们能够敏锐地感受到该议题各方关注度的下降，媒体传播动力降低，必然缩减相关信息量，压缩相关传播渠道和传播空间。各种传播力量对于该议题传播动力的降低，加之热点效应的消失，使得态度偏移走向回落。

群体情绪逐渐回归理性。相关议题引发的群体情绪和行为的偏移必然激发当事人或者相关部门做出应对。当事人的致歉声明、相关部门的事实澄清、相应的处理决定，如果能够回应网络质疑、体现网民呼声，就会对平复网民情绪有显著效果。网民情绪回落后，一些网民的极端言行逐渐减少，一些网络"哄客"也纷纷散去。人们情绪回归理性后，谣

107

言也不再有生命力,相关谣言或者遭到封杀、删除,或者丧失传播力,逐渐被淹没。在议题讨论过程中被"沉默的螺旋"压制的不同意见,在这一阶段反倒获得了表达空间,相关人员表达意愿增强,开始出现对于该事件冷静地总结、过程的剖析、深入地反思、错误偏向的批判,公共理性占据了上风,形成了一种对态度偏移的反向舆论压力。

2. 态度偏移消退的方式

态度偏移消退的时间不尽相同。有些道德议题经历了从形成到高涨再到消退的完整的生命周期,形成和发展具有典型性。而有些议题则快速形成、快速消退,没有经历高涨时期。有的道德议题在群体讨论高涨后向其他议题扩展和转化,引起了更大规模的态度感染,形成多次高涨、不断蔓延的波浪式发展曲线。有些道德议题在群体讨论趋于衰减后,因为新的刺激性因素的加入而重新出现高涨。不同议题发生偏移的程度也不尽相同,有的议题偏移程度高,网民参与度高,有的议题相对温和,波动也较为缓和。从消退方式上来看,主要有以下几种。

第一,解决式消退。

道德生活中的态度偏移源自道德舆论的评价需求,当这种评价需求实现的时候,态度偏移就会趋于消退。解决式消退主要出现在负向道德议题中。评价需求的实现可能有多重途径:一是道德议题进入法律程序,道德评价需要让位于法律评价,等待法律的评判;二是道德评价获得了权威的肯定,道德评价需要让位给权威评价,尤其是政府的官方评价;三是道德评价取得了预期的效果,网民认为当事人已经获得了应有的惩罚;四是当事人和相关方面进行积极应对、诚恳道歉以及多方补救,满足了网民的诉求,平息了网民的愤怒;五是谣言得以澄清后,刺激网民情绪的因素得以消除,道德舆论也会逐渐消退。

态度偏移的解决式消退一般有两种情形。一是,在群体意见态度偏移形成阶段,当事方积极介入、主动作为,遏制了态度偏移的继续发展,随着事件的解决,道德舆论逐渐消退。二是,道德舆论经历高涨后,在群体讨论能量已经有一定耗散时,随着事件的澄清和解决,群体情绪消退。需要注意的是，在群体情绪的高涨期，很难通过解决式路径促使其快速消退，因为在群体情绪高度膨胀的状态下，极度排斥不同意见，情绪能量需要足够的舆论空间加以发泄，人们对任何的解决方案都采取质疑、抗拒的态度。如果此时介入方式不当，还可能引发次生危机，引爆新的舆论点。

第二，替代式消退。

替代式消退是指在道德议题持续发展的过程中，出现了更具有冲突性的议题，吸引了网民的注意力，原有议题的热度逐渐消退。社会生活快速变化，网络上每天都有大量新议题涌现。网络的容量是无限的，但人们的注意力是有限的，网络舆论传播是一个注意力争夺的过程。网络议题之间存在竞争关系，那些具有某种相近性的议题会互相叠加、互相推动，一个议题进入公众视野，其他议题的关注度也会相应上升。而差异较大的议题则会此消彼长，一个议题热度上升时，其他议题关注度就会下降。因此，能够产生替代性消退效应的，一般是与原议题差异较大的议题。替代式消退并不是事件矛盾的真正解决，只是网民注意点的转移，议题本身的风险仍然存在。在其他议题热度散去，或者原来的议题曝出更具有刺激性的信息时，该议题仍然可能重新进入网络热议，引发新一轮的道德讨论。

第三，自发式消退。

自发式消退是指道德讨论在没有受到外力阻滞的情况下，传播热度和传播能量自然衰减消退。这类道德议题一般矛盾冲突比较表浅、单一，不涉及社会深层次矛盾，由于具有新异性而引发网民关注，在传播过程中又有各种不实消息加入、网络推手的助燃，快速引发群体集聚，推动道德情绪出现偏移。换言之，这类议题一般本身的冲突特质不突出，引发道德讨论主要是各种环境性要素推动的结果，因而在环境性要素发生改变时更容易实现自发式消退。这种道德讨论的态度偏移往往不是由事件本身的内在矛盾冲突引发的，而是经过外在渲染、扭曲，成为某种群体情绪的临时性载体。当群体情绪回归理性后，支撑偏激态度的内生力量不足，道德情绪就从高点回落。可以看出，这类议题发展过程存在虚化的膨胀，类似快速爆发的群体情绪狂欢。在群体情绪获得发泄后，泡沫消失，事件的本来面目逐渐浮出水面，人们的兴趣渐渐丧失，群体情绪就会自然回落。这是一个网络舆论新陈代谢的自我更新过程，是网络舆论的生命周期发展的必然趋势。一般而言，整个道德讨论的热度衰减先是从该议题部分信息的衰减开始的，尤其是议题中激发群体情绪的核心信息的衰减，带动了整个议题热度的衰减。

当然，许多道德讨论的态度偏移并非以单一形态消退，而可能是多种原因共同推动的消退。负向道德议题可能以一种或多种混合的方式实现消退；正向道德议题主要是采取替代消退和自发消退的方式。

3. 态度偏移的社会遗存

态度偏移的消退仅仅是网民意见、情绪、行为集中表达的减少，并不意味着内在矛盾和问题的彻底解决，道德讨论后的影响可能长期存在。在一次态度偏移事件消退后，出现偏移的道德态度会成为一种内隐的道德态度，在下一次网络事件发生时将作为经验被激发。一次态度偏移虽然消退了，但其影响并不会立刻消失，甚至会长期存在。道德讨论过程中的意见、情绪、行为会成为社会记忆的一部分，添加到人们的社会经验系统中，成为人们内在道德认识和情感的一部分，进入潜意识。民众普遍存在的这种记忆便成为群体的"伤痕记忆"，是群体情绪和心态的组成部分，强化了同类议题发生时再次出现态度偏移现象的情绪背景。有了这种社会经验的内在积累，在下次类似事件发生时，相关记忆会被激活。这就意味着，再有类似议题发生时，将更容易产生态度偏移现象。同时，因为人们的心理有累加效应，下一次类似事件的偏移度可能更高、规模可能更大。另外，某些道德讨论的热度消退并没有伴随着矛盾和问题的彻底解决，人们的不满只是暂时搁置或者压抑。一些议题所涉及的矛盾冲突仍然是社会的普遍问题，深层次的社会因素、政治因素、社会心态因素很难在短期内加以改观，问题有可能再次滋生，还可能更加隐性化，在新的类似议题的刺激下，很容易再次爆发。在不同消退方式下，态度偏移的遗留效应表现不同。

第一，解决式消退的遗存效应。态度偏移的遗留效应同问题解决的方式有一定联系。一是澄清式解决。这种解决方式主要是针对因不实消息引发的态度偏移。因为没有真实的矛盾冲突发生，经过澄清、态度偏移消退后，长期影响遗留较少，遗留效应主要表现在一定的信息免疫作用。因为有了此次事件的证伪，以后再有类似的谣言产生，人们对其接受度会降低，谣言影响力会减弱。二是妥协式解决。以此种方式消退的道德讨论一般矛盾冲突比较突出，具有社会普遍性。在事件引发态度偏移后，相关方面以一定的措施顺应民意、平息网民情绪，矛盾冲突得以解决，道德讨论消散。但如果解决方案只是治标不治本的权宜之计，真正矛盾被掩盖或者压制，一旦遭到新的刺激，矛盾又会爆发，激起人们更大的愤怒和不信任。如果解决方案是被网民民意裹挟而做出的妥协性措施，一方面，这种妥协本身只是让矛盾暂缓爆发，没有真正解决问题，另一方面，在舆论压力下的妥协退让，可能从另一个层面制造出新的不合理、不公正，进而引发新的矛盾。三是根本式解决。如果相关部门能从道德讨论中关注到社会问题的存在和民众的诉求，提出反映民意、消除问题、解决矛盾的方案，道德讨论就带来了积极的促进效果。

第二，替代式消退的遗存效应。替代式消退不是真正的消退，因为议题不是因为矛盾的解决而退出舆论热点，而是因为更加刺激的议题吸引了人们的注意力。议题及其冲突性、特异性仍然存在，只是人们暂时无暇关注。一旦处于信息"空窗期"，其他热点消散，或者该议题有新的刺激性信息出现，还会重新引发群体讨论。甚至在其他议题引起态度偏移的过程中，该议题的讨论仍然在一定范围内存在，随时有可能再次成为舆情热点。由于人们的负面情绪可以累加，当议题在网络上重新出现时，就会给人们造成"事件久拖未决，解决不力"的印象，网民的情绪会更加激烈，态度偏移程度可能超越上一次。

第三，自发式消退的遗存效应。自发式消退要经历一个比较长的时间，道德议题讨论热度的自行消退本身就证明议题的讨论不具有长期的

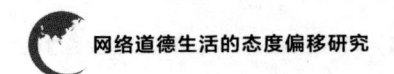

可持续性。从议题产生到道德讨论的发展，再到议题热度的消退，都是网络群体自我推动的结果，因此自行消退的过程，某种意义上也是一个网络群体反思、调整的过程，是群体自我发展、自我教育的过程。经历过一次道德议题的态度偏移，网络群体会进一步调整规范、明确价值，对于网络群体的自身发展具有积极作用。如果经历态度偏移后，主导效果是积极的，那么态度偏移会作为积极的实践经验留存在集体记忆中；如果态度偏移产生的效果不明显，或者产生了负面效果，那么群体在下一次行动中就会加以避免。

　　内容越复杂、矛盾越突出的道德议题，遗存效应越明显。因为事件信息繁多，发生遗存和变异的可能性也更高。有的道德议题对民众产生了多点刺激，在多个方向上引发态度偏移，即使态度偏移逐渐消退，民众也需要较长的态度调整和情绪回归过程。在这一过程中还可能遇到新的刺激性因素而使群体情绪重新高涨。在一些重大道德事件中，经常可以看到这样的群体记忆遗留问题。有的事件还会发生多种衍生和多次反弹，态度偏移呈现多波峰特点。

第六章 网络道德生活中态度偏移的社会影响

道德议题态度偏移虽然具有一定的积极道德影响,能够彰显正义、利他、扶弱等道德价值,有利于推动道德知识的传播,发挥道德评价的社会引导功能,具有社会情绪的减压作用,但其消极影响也十分显著。异化后的道德不仅难以达到调节社会关系、促进人的自由全面发展的目的,反而限制和阻碍了社会的发展和进步。道德作为一种社会意识形态,是人们在共同社会生活中形成的一系列准则和规范。道德生活本身就是社会生活的一部分,与社会生活之间有着密切的联系和广泛的交融,相互影响、相辅相成。网络道德生活中的态度偏移虽然从道德议题引发,但其影响不局限于道德生活,而是向社会生活扩散。其对社会情绪的放大作用、"泛道德化"倾向的助长作用都会衍生为社会领域的消极影响。

第一节 态度偏移对道德评价的影响

道德舆论是道德约束发挥作用的主要渠道,对一些不道德行为进行适当的曝光、批判、谴责是非常必要的。但如果不能把握好批判的尺度、标准,就容易将美德与道德义务混为一谈,将高尚与道德底线相提并论,将"最好"歪曲为"应当",据此高举道德大棒,对他人进行错误的谴责和攻击。

1. 将美德要求视为他人的道德义务

道德规范作为调节社会成员之间良性互动的规范,并不具有强制性，因此它不同于法律规范但高于法律规范，目的在于通过促使社会成员个人修养和精神的发展以期达成社会的宽容、和谐和发展。道德评价中关于真善美的标准并不具体和确切，并且不同社会、不同阶层的标准有所不同。在这种评级标准中，本身存在"不准""应该""提倡"这样三个层次。一是"不准"，这是道德规范的最低层次，是道德主体的道德义务。它以否定的方式界定了基本的道德准则，是对"恶行"的批判和禁止，例如不准盗窃、不准奸淫、不准强迫他人、不准破坏公物等。违背这类规范的恶行达到一定程度，就进入了法律的约束范围，是法律规范和道德规范的共同约束区。二是"应该"，这是道德规范中以肯定的方式界定的道德准则，是指道德生活中普遍认可的善的要求，大多数社会成员能够做到并且不需要做出较大的自我牺牲。例如应该诚实、应该忠诚、应该善待老人和儿童等。违背这类规范应当受到道德舆论的谴责和批评，但其本身并没有突破法律界限，其行为不可以受到法律处罚。三是"提倡"，这是美德的要求，往往是要求道德主体在道德生活中做出自我牺牲、付出艰苦努力。提倡本身也有层次的差别，例如提倡给老人让座是一般的美德，提倡"至纯至善"是圣人的美德。"提倡"的道德行为，并非道德主体的道德义务，做到了，应该得到赞美和表扬；没有做到，也应该被理解和宽容，而不能予以谴责。

2. 施加超过其行为恶性的道德惩罚

在态度偏移发生的过程中，"非黑即白"的错误认知倾向将道德的高标准错误地认识为他人的道德义务，将"提倡"混淆为"应该"甚至"不准"，将美德的要求降为一般的道德要求甚至道德底线，就会导致追求道德上的完美主义，往往不区分高尚的道德要求和一般的道德要求，用至善、圣人的标准评价他人，无限提高对于他人的道德期望并强加于他人，将他人的善举推演为他人必须遵守的道德义务，例如对公共交通工具上不让座的人实施网络暴力。如果他人"达不到"评价标准就感到失望、愤怒甚至怨恨，产生"道德沦丧论""文化虚无论"等悲观心态，渲染过度的道德焦虑和消极悲观的社会情绪。在这种认知偏向影响下，

第六章 网络道德生活中态度偏移的社会影响

人们习惯于对他们认为"不道德"的人进行极端的道德惩罚，使其承担与其行为恶性不相匹配的后果，以网络暴力、人肉搜索的方式进行道德审判。这种思维逻辑是导致道德绑架的认识根源，在道德绑架中，网民群体往往以舆论围攻的方式胁迫他人采取某种道德行为，将他人的美德行为视为他人的道德义务，将应该提倡的道德行为推演为他人唯一的道德选择，出现"逼捐""逼转""逼赞"等行为。这种跨越了道德层次的错误做法是对他人自由意志的绑架，违背了平等与尊重的社会基本伦理原则。

3. 引发道德评价中的"贴标签"现象

标签原是商品经济中用来标识商品类别、性质等特征的关键字词，有利于商品购买者最简捷、快速地认识和识别该商品，以提高商品流通的效率。从社会学和心理学的角度来讲，人类在认识活动中，有通过以偏概全的方式给事物贴标签的思维惯性。因为，这种认知方法通过对一类事物进行简化、抽象的评价，能够概括出某类事物的一般化特征，使我们辨别和认识它们时压缩了时间和智力成本。人们总是希望用最省力、最简洁、成本最低的方法认识事物，贴标签可以使人们批量化地认识事物，非常简单和直观，能够满足人们追求思维简化的需要。这种认知方法可以让人们获得安全感。对于陌生的事物，人们因为不够了解、无法认识而会产生不安全感甚至恐慌感。这种先入为主的标签的存在，就能让事物迅速地被归类，人们能够从同类的熟悉的事物的认识出发来认识新事物，或者从社会共同认知的标签出发来对新事物进行初步界定，从而消除了对新事物的陌生感和不可控感，获得了能够认识和掌控对象的安全感和踏实感。同时，社会互动过程中的标签有社会共同认知的功能，一些具有社会普遍认可度的标签在社会生活中被广泛认可、频繁使用。获得了这种社会共同认知，某种意义上更方便于人们之间的沟通和交流，社会运行成本会因此降低。所以由以偏概全思维产生的贴标签现象，一般都是具有社会评价性的标签。

在网络道德的态度偏移现象中，贴标签是常见的道德评价方式。网络碎片化阅读和快捷化传播的特征，使得一些信息要想在网络传播中脱颖而出，就要用简洁、鲜明的标签突出该信息某一方面引人注目的特征，以增强传播和动员效果。虽然这些标签用语精炼、形象，能够使人快速捕捉事件的热点所在，但道德评价过程中的贴标签容易引发一系列消极影响。道德评价中的贴标签现象，存在断章取义、以偏概全的问题，将复杂的事件简单化、复杂的逻辑情感化，认识不到道德评价本身的条件性和局限性，只根据少数经验进行推论，将评价结论无限推演、不合理放大，违背了认识事物的基本规律，不利于引导网民对议题进行全面认识和理性思考。一些人倾向于对个别事件进行过度推论，将局部性事件推演为整体性状态、以局部特征概括整体特征、以某一方面的观点推出整体结论。这种评价方式将复杂的道德对象简化，导致人们在认知事物时忽视个体差异，陷入以偏概全的错误。

这种倾向不能客观、理性地进行道德评价，而是根据既有的标签进行评价，在认识道德对象时预设立场、通过有色眼镜进行观察，集中表现为仅根据少数事件、少数人给整个事件、整个群体贴标签，并用这种标签化、情绪化的认知来进行善恶评价，常常出现网民给某一类人贴负面标签的现象，用特定人群中个别人的负面特征为这一群体制作负面标签，造成对特定人群的污名化。网络上流传的各种标签，更有泛滥化、低俗化的倾向。为了实现眼球经济，一些网络媒体也刻意迎合网民的这一偏好，在议程设置和报道框架的选择上刻意编造各种污名，造成了对被污名者人格的侮辱和贬低，他们中的大多数并没有做错什么，却要承受莫名其妙的排斥、嘲弄和敌意，不仅造成了对他人的道德伤害，更不利于消除社会群体之间的误解和隔阂，违背了"友善"的道德准则。

第二节　态度偏移对道德行为的影响

道德应当是发自人们内心的向善动力，道德行为是基于个体内心对于道德规范的认同，在积极道德情感的驱动下发生的自觉行动和主动选择，是个体道德认知的外在表达。掺杂了虚伪、强迫、世俗、功利成分的道德行为违背了知行合一的道德原则，也难以真正塑造道德的人。态度偏移造成的道德压迫环境，可能对个体道德品质提升起到相反的作用，使人们用虚假的道德行为进行自我伪饰，致使道德行为出现功利化倾向。

1. 道德行为与认知脱节

在态度偏移过程中发生的网络暴力、道德绑架，使得当事人迫于压力不得不采取某种道德行为。这使得个体在道德认知和道德行为上出现脱节，个体采取某种道德行为是出于他人的强迫，而不是出自内心的选择。道德主体感觉到自由权利遭受了侵害。道德主体因为自由权利被侵害而感觉到不满，因不得不舍弃个人利益而心怀怨恨，但面对巨大的群体舆论压力又不得不屈从。因为不满和怨恨，道德主体甚至会对相应道德规范产生抵触情绪，出现知与行的矛盾和冲突。他们往往以虚伪的道德形象出现，可能是道德审判的强烈支持者、踊跃参与者、网络暴力的积极参与者，以此塑造符合他人预期的道德形象，获得他人的肯定和认可。然而因为他们并没有对道德规范的内心认同和内在自觉，这种道德参与没有转化为他们自身的道德品质，当道德压力消除时，或者在无人监督的环境下，他们往往表现出较低的道德自律性。在特定情况下还可能造成主体加倍施恶以进行心理补偿，发泄自由权利遭到侵害而积累的怨恨。

2. 道德行为伪饰化

道德本身是由人创造的、引导人们向善向好的规范体系，并通过道德评价纠正人们偏离规范的行为。但道德认知和道德态度存在于道德主体的内心系统，其他人很难加以了解和评价。人们只能通过一个人的道德行为对其道德品质进行推测。在态度偏移过程中，道德评价简单化、标签化、庸俗化、表面化，往往不对人们的道德认知、道德态度进行深入探讨，不对主体所处的道德情境进行综合考量，而仅就主体的道德行为进行评价，甚至只截取主体道德行为的一个部分进行评价，割裂了道德心理的系统性。这种评价倾向会造成一种虚假的印象，让一些人觉得不需要经过长期的道德磨炼过程，只要表面上采取某种道德行为，就可以塑造良好的道德形象，成为别人眼中道德的人，获得他人的认可和赞赏。而跟随群体一致的行动进行道德讨伐，是最简单、成本最小的获得道德美誉的行为。

这会导致一些人以某种表面化的道德行为来取代道德修养过程，掩饰内心真实的道德认知。道德行为不是他们内心道德信仰的自然表达，而是获取社会赞赏和肯定的工具。为追求社会赞誉而采取的道德行为会动摇道德主体的道德信仰和道德立场，只要是群体赞赏的行为，不管是不是真正道德的、主体真正认可的，他们都会积极采取，甚至会比群体的要求更加夸张和过激，以更加突出的表现而获得群体的认可。一些网络暴力行为的参与者，从内心对某种做法或许并不认同，但为了追求良好的群体形象，在外在表现上却比其他成员更加过激。这本质上是道德主体在道德生活中进行利益权衡的结果。他们发现，采取某种道德行为会产生切实的社会收益，而成本又不高，是一种"比较经济"的行为。

3. 道德行为功利化

道德作为一种公共产品，具有公共物品的一般特征，即可以供多人享用，而每个人享用的效果不因享用人数的增加而下降，因此不具有排他性。在道德生活中，存在"搭便车"现象，人人都想要有道德的环境，从而使自己在这种环境中获利，但许多人并不想承担道德的成本和相应的责任。态度偏移通过提高对他人的道德要求、扩大他人的道德义务来营造一个更加道德的环境，从而降低自己的生活成本、提高自己的幸福指数，因而在态度偏移中人们可以发现隐含的利益和好处。一些人更直接地利用道德舆论来获利，还有人将个人利益诉求包装成公共道德诉求，打起道德的大旗进行网络动员，制造声势以期达到目的。道德舆论还可以成为"变现途径"，一些人通过塑造"道德形象"来自我包装，提升社会影响力，提高身价。他们一面内心信奉利益至上、极端利己，一面大谈美德追求，进行道德作秀。这种以道德行为作为获取个人利益工具的做法，对道德秩序造成了破坏和干扰。他们利用公众的道德诉求来达到个人的利益诉求，违背了道德作为公共产品、维护公共利益的初衷。在许多事件中，当事人在道德舆论中获取经济利益的做法最终会被揭露，当道德舆论与事件真相形成巨大反差时，会伤害人们的道德信仰和道德情感，破坏社会的信任机制，甚至会造成对某一群体形象的长久损害。以道德行为之名追求个人经济利益，如果成本极低而收益可观，还会造成社会示范效应，导致更多的道德投机行为出现，使道德生活走向伪善。

第三节　态度偏移对群体关系的影响

友善和谐是社会主义核心价值观的重要内容。与人为善是友善的基本内涵，人与人之间不存恶意、不存偏见，减少误解，能从他人的角度考虑问题，社会关系就能够达到友好和谐，人人生活在其中，幸福感和获得感也会相应提升。网络道德生活中的态度偏移现象，常常借助道德议题实施网络暴力、相互攻击、谣言中伤，制造网络戾气，污染网络环境，背离了友善和谐的社会主义核心价值观的基本要求。

1. 以道德舆论伤害他人

道德评价的目的是通过道德舆论来弘扬真善美，抨击假恶丑，从而维护社会道德秩序。从善的原则出发，道德评价应当是适度的、有界限的，是从引导他人从善、呼吁公众向善的宗旨出发的。而态度偏移中衍生的网络暴力，超出了道德评价的合理界限，将道德评价演变为"网络追杀"，甚至采取"以恶制恶"的手段。态度偏移对道德主体造成的伤害，甚至超越了道德主体的不道德行为所造成的社会恶果，制造出了更多的"恶"果。特别是人肉搜索，虽然在揭露社会丑恶现象、推动舆论监督方面发挥了一定作用，但人肉搜索的对象、范围没有明确的法律界定，在人肉搜索获得的信息传播过程中会出现不确定的影响，极易导致网络暴力从网络世界向现实世界延伸，涉及一系列法律问题和伦理问题。当人肉搜索在态度偏移事件中发生时,更容易与其他网络暴力行为结合到一起,形成一种超越法律规范和道德规范的"网络私刑"。一些网友发起"人肉搜索"往往始于惩恶扬善的初衷,基于弘扬正义的动机,然而也有不少人是打着道德旗号对他人进行侵犯甚至欺凌,对当事人造成了不可挽回的损失。

2. 出现"泛道德化"倾向

"泛道德化批判是将伦理道德作为价值标准评判一切社会现象的评判方式。"[①] 在网络社会,因为政治约束和法律规制的相对缺位,"泛道德化"现象格外突出,表现为网民群体在道德问题上更能找到共同语言和共同情感,喜欢将问题都归结到道德问题,有些人甚至以不道德的手段进行"道德审判",以"道德私刑"代替"法律公审"。[②] "泛道德化"表面上是对社会道德的维护,实质上不但对社会其他规则造成侵犯,也以虚高的道德标准影响了真实的道德生活。

这种评价倾向突破了道德生活的限度,而向社会、政治、法律、科技等领域无限扩张。"泛道德化"惯于以"善恶"来评价事物,从而将一些本该用社会标准、政治标准、法律标准、科学标准来评价的生活都用道德评价加以取代,使道德评价凌驾于其他评价标准之上,使整个社会生活成为服务道德生活和表达道德意志的工具,使其他社会规范都沦为道德规范的附庸。相对于政治评价、科学评价、法律评价等评价方式,道德评价是最容易掌握的二分法工具。因为道德评价不像法律评价、政治评价那样需要经过长期的学习、需要具备一定的素质,道德评价似乎只需要简单地区分善与恶,不需要多少深入的分析和逻辑的推理,符合一般人追求思维简化的认知惯性。因而它更容易被一般人所掌握和熟练应用,也能被最多数的成员所理解和接受,是一个人人可用的简易工具。道德评价的低门槛造成它成为一面人人都能扛起的大旗,人

[①] 林宇晖:《泛道德化批判的归因探究》,《河海大学学报》(哲学社会科学版)2017年第3期。
[②] 参见林宇晖《泛道德化批判的归因探究》,《河海大学学报》(哲学社会科学版)2017年第3期。

们扛起这面旗帜就可以占据道德高地，攻击那些不符合他们道德标准的人，而且因为占据了道德高地而使对方百口莫辩，旗帜所向往往能够无往不胜。更多的人惯于使用这样的评价方式，所以道德评价成为网络上超越其他评价方式的主导力量。

现代社会，法治意识和契约精神成为调节社会秩序的重要思想基础，运转有序的社会是公民普遍遵守契约精神、自觉践行道德规范、严格遵从法律规范的社会。道德评价固然是一个社会稳定发展所需的重要评价标准，然而社会生活的复杂性决定了评价标准的多层次性，绝不能用任何一种评价标准去取代其他评价标准。而"泛道德化"以道德评价替代其他社会评价的思维惯性，实质上是一种将社会问题简单化、感性化的处理方法，与法律标准、科学标准所强调的严谨性相冲突，也不能准确反映政治标准所主张的意识形态性。"泛道德化"恰恰是网络群体理性思维不足、科学精神不够、法律意识不强的表现。

"泛道德化"的评价方式不但背离了客观事物本身的多样性、复杂性，并且赋予了许多不具有情感色彩的事物道德情感意蕴。因此，泛道德化必然与情感化的道德评价相关联，实质上是利用群体的某种道德情感来达到目的。这使得网络社会倾向于实现一种"道德审丑"的狂欢，人们发现"不道德"，激烈批判"不道德"，又将不道德现象不合理泛化，认为社会"充满不道德"。"道德审丑"的狂欢滋长了社会戾气，会使人们产生不理性的、不切实际的道德期待，无益于理性平和、积极向上的社会心态的营造。

3. 强化网络互动的封闭性

在态度偏移求同伐异的过程中形成了众多同质化圈层。人类有着求同的天性，一方面，人们偏好于寻求与自我认知相同或者相近的观点、喜欢接近和自己相似的人，而倾向于排斥、批判、疏远那些持有不同观点的人。他们不喜欢听不同意见、不喜欢接触陌生信息，从而获得"我是正确的""我获得很多肯定和支持"的心理感觉，这种感觉会增加个体的自信心和安全感。另一方面，人们希望通过追随他人以保持与外界环境的一致性，包括与群体、组织、社会保持统一和谐，从而获得他人的认同、群体的接纳、社会的认可，这本质上是从众的心理机制在发挥作用。人们在求同中的从众，更多的是躲避被群体孤立的压力。网络上的求同心理，更多地表现为人们有意识地寻求与自己一致的观点和意见。协同过滤导致的信息窄化加剧了人们的封闭。一些人上网并不是为了讨论问题、接触新信息和新观点，而是寻找相同的观点、相似的人组成自我支持的网络群体，以群体的力量满足抱团取暖、党同伐异的快感，最终导致在自己熟悉的认知中固步不前。所以网络上出现了一句流行语叫"看评论我就放心了"，意思是看到评论中与自己相同的意见就感觉获得了认可和肯定，更坚定了固有的认知。这一流行语将一些网民的封闭心态表现得淋漓尽致。态度偏移既是群体排斥不同意见的结果，又会加剧群体的自我封闭，这与网络社会追求的开放性原则背道而驰。

道德评价的目的是通过道德舆论来弘扬真善美，抨击假恶丑，从而维护社会道德秩序。从善的原则出发，道德评价应当是适度的、有界限的，是从引导他人从善、呼吁公众向善的宗旨出发的。而态度偏移中衍生的网络暴力，超出了道德评价的合理界限，甚至采取以恶制恶的手段。态度偏移对道德主体造成的伤害，甚至超越了道德主体的不道德行为所造成的社会恶果，一定程度上制造出了更多的恶果。从目的来看，没有体现促进社会友善和谐、帮助他人改过自新的善意，而是怀着以舆论为"刀"伤害对方的目的。

网络协同过滤机制使得具有相同观点的人建立起稳定的集团和圈层，组织化程度越来越高。他们在网络讨论中常常集群出现，凭借数量优势，以围攻的方式获得话语主导权，群体内部具有高度同质性和天然凝聚力，对于不同意见的排斥力也相应增加，意见不同的网民难以进入，群体内意见的多元性被压制。不同群体之间出于意见倾向不同而导致意见壁垒提升。另外，道德评价标准是确定性与不确定性的统一，群体之间存在道德价值、道德立场的差异，不同群体因为立场不同，秉持的道德价值也有差异，在对同一道德对象进行评价时可能出现观点的激烈冲突。这样,群体内部的同质性与群体之间的异质性同时存在,个体的偏见成为群体的偏见,个体的分歧成为群体的分歧,偏见和分歧在开放性的网络中没有减少,而是增加了。不同意见群体之间在网络上的交流常常不是为了沟通和对话,而是为了攻击和对立。不同群体间经常爆发"骂战",一言不合就"开撕",一些人表现出一副"不可批判、不可讨论"的态度,对一切反对意见激烈反驳、坚决抵制,情绪化的谩骂代替了理性的讨论,持不同意见的群体间互相反感、尖锐对立,出现群体内部极端化、群体之间对立化的现象。这种网络表达不以沟通思想、交流观点、消除隔阂为目的,反而以强调分歧、选边站队、相互攻击为旨趣,散播了网络戾气、污染了网络生态,狂躁的群体情绪还可能相互感染而导致暴力行为的升级,不利于友善和谐的社会关系的构建。

参考文献

一　重要文献

《马克思恩格斯选集》第1~4卷，人民出版社，2012。

《习近平谈治国理政》第1卷，外文出版社，2014。

《习近平谈治国理政》第2卷，外文出版社，2017。

《习近平谈治国理政》第3卷，外文出版社，2020。

《习近平新时代中国特色社会主义思想三十讲》，学习出版社，2018。

《习近平新时代中国特色社会主义思想学习纲要》，学习出版社、人民出版社，2019。

二　译著

〔荷〕斯宾诺莎：《伦理学》，贺麟译，商务印书馆，2009。

〔古希腊〕亚里士多德：《尼各马可伦理学》，廖申白译，商务印书馆，2009。

〔古希腊〕亚里士多德：《政治学》，吴守彭译，商务印书馆，1998。

〔德〕康德：《历史理性批判文集》，何兆武译，商务印书馆，1996。

〔英〕亚当·斯密：《道德情操论》，樊冰译，山西经济出版社，2010。

〔德〕鲍尔生：《伦理学体系》，何怀宏、廖申白译，中国社会出版社，1988。

〔美〕约翰·罗尔斯：《正义论》，何怀宏、何包钢、廖申白译，中国社会科学出版社，1988。

〔法〕卢梭：《社会契约论》，何兆武译，商务印书馆，2003。

〔德〕尤尔根·哈贝马斯：《交往与社会进化》，张博树译，重庆出版社，1989。

〔法〕古斯塔夫·勒庞：《乌合之众：大众心理研究》，冯克利译，中央编译出版社，2011。

〔美〕凯斯·R.桑斯坦：《网络共和国——网络社会中的民主问题》，黄维明译，上海人民出版社，2003。

〔美〕凯斯·R.桑斯坦：《极端的人群：群体行为的心理学》，尹宏毅、郭彬彬译，新华出版社，2010。

〔美〕凯斯·R.桑斯坦：《信息乌托邦：众人如何生产知识》，毕竞悦译，法律出版社，2008。

〔英〕曼纽尔·卡斯特：《网络社会的崛起》，夏铸九译，社会科学文献出版社，2006。

〔法〕塞奇·莫斯科维奇：《群氓的时代》，许列民、薛丹云、李继红译，江苏人民出版社，2003。

〔德〕弗洛姆：《健全的社会》，孙恺详译，贵州人民出版社，1994。

〔英〕伯特兰·罗素：《伦理学和政治学中的人类社会》，肖巍译，中国社会科学出版社，1991。

〔美〕罗兰·罗伯逊：《全球化：社会理论和全球文化》，梁光严译，上海人民出版社，2000。

〔美〕尼葛洛庞帝：《数字化生存》（第三版），胡泳、范海燕译，海南出版社，1997。

〔美〕帕特里夏·华莱士：《互联网心理学》，谢影、苟建新译，中国轻工业出版社，2001。

〔德〕哈特穆特·罗萨：《新异化的诞生：社会加速批判理论大纲》，郑作彧译，上海人民出版社，2018。

〔英〕安东尼·吉登斯、菲利普·萨顿:《社会学基本概念》,王修晓译,北京大学出版社,2019。

〔英〕安东尼·吉登斯:《社会的构成》,李康等译,三联书店,1998。

〔英〕安东尼·吉登斯:《现代性的后果》,田禾译,译林出版社,2000。

〔英〕安东尼·吉登斯:《失控的世界》,周红云译,江西人民出版社,2001。

〔美〕沃尔特·李普曼:《公众舆论》,阎克文、江红译,上海人民出版社,2006。

〔美〕马克·波斯特:《信息方式:后结构主义与社会语境》,范静哗译,商务印书馆,2000。

〔美〕雪利·特克:《虚拟化身:网络时代的身份认同》,谭天、吴佳真译,台湾远流出版公司,1998。

〔德〕斐迪南·滕尼斯:《共同体与社会》,张巍卓译,商务印书馆,2019。

〔美〕杰克·普拉诺:《政治学分析辞典》,胡杰译,中国社会科学出版社,1986。

〔美〕罗杰·菲德勒:《媒介形态变化》,明安香译,华夏出版社,2000。

〔英〕鲍曼:《个体化社会》,范祥涛译,上海三联书店,2002。

〔美〕理查德·桑内特:《公共人的衰落》,李继宏译,上海译文出版社,2008。

〔加拿大〕麦克卢汉:《理解媒介:论人的延伸》,何道宽译,商务印书馆,2000。

〔法〕布尔迪厄:《实践与反思——反思社会学导引》,李猛、李康译,中央编译出版社,2004。

〔加拿大〕德克霍夫:《文化肌肤:真实社会的电子克隆》,汪冰译,河北大学出版社,1998。

〔美〕斯蒂夫·琼斯:《新媒体百科全书》,熊澄宇、范红译,清华大学出版社,2007。

〔美〕迈克尔·海姆：《从界面到网络空间：虚拟实在的形而上学》，金吾伦、刘钢译，上海科技教育出版社，2000。

〔美〕麦克尔·沙利文·特雷纳：《信息高速公路透视》，程时端等译，科学技术文献出版社，1995。

〔德〕伊丽莎白·诺尔-诺依曼：《沉默的螺旋：舆论——我们的社会皮肤》，董璐译，北京大学出版社，2013。

〔以色列〕艾森斯塔特：《现代化：抗拒与变迁》，陈育国、张旅平译，中国人民大学出版社，1988。

〔美〕萨缪尔·亨廷顿：《变化中的政治秩序》，王冠华等译，三联书店，1989。

〔美〕特纳·乔纳森：《人类情感：社会学的理论》，孙俊才、文军译，东方出版社，2009。

〔英〕诺曼·费尔克拉夫：《话语与社会变迁》，殷晓蓉译，华夏出版社，2003。

〔日〕尾观周二：《共生的理想：现代交往与共生、共同的思想》，卞崇道译，中央编译出版社，1996。

〔美〕戴维·波普诺：《社会学》（第十版），李强译，中国人民大学出版社，1999。

〔美〕马克斯韦尔·麦库姆斯：《议程设置：大众媒介与舆论》，郭镇之、徐培喜译，北京大学出版社，2018。

〔美〕埃利诺、杰勒德：《对话：变革之道》，郭少文译，教育科学出版社，2006。

〔德〕舍勒：《价值的颠覆》，罗悌伦等译，三联书店，1997。

〔法〕莫里斯·哈布瓦赫：《论集体记忆》，毕然、郭金华译，上海人民出版社，2002。

〔美〕保罗·康纳顿：《社会如何记忆》，纳日碧力戈译，上海人民出版社，2000。

〔美〕E.博登海默：《法理学：法律哲学和法律方法》，邓正来译，中国政法大学出版社，1999。

〔英〕维克托·迈尔·舍恩伯格、肯尼思·库克耶：《大数据时代：生活、工作与思维的大变革》，盛杨燕、周涛译，浙江人民出版社，2013。

〔美〕艾伯特·拉斯洛·巴拉巴西：《爆发：大数据时代预见未来的新思维（经典版）》，马慧译，北京联合出版公司，2017。

〔荷〕简·梵·迪克：《网络社会》，蔡静译，清华大学出版社，2020。

〔法〕布尔迪厄：《实践与反思——反思社会学导引》，李猛、李康译，中央编译出版社，2004。

〔以色列〕尤瓦尔·赫拉利：《未来简史：从智人到神人》，林俊宏译，中信出版集团，2017。

〔德〕乌尔里希·贝克：《风险社会》，何博闻译，译林出版社，2004。

〔美〕沃尔特·李普曼：《舆论学》，林珊译，华夏出版社，1989。

〔美〕西奥多·M.米尔斯：《小群体社会学》，温凤龙译，云南人民出版社，1988。

〔美〕布赖恩·琼斯：《美国政治中的议程与不稳定性》，曹堂哲、文雅译，北京大学出版社，2011。

〔美〕乔纳森·H.特纳：《人类情感：社会学的理论》，孙俊才、文军译，东方出版社，2009。

三 专著

罗国杰：《伦理学》，人民出版社，2001。

唐凯麟：《伦理学》，高等教育出版社，1999。

昝玉林：《网络群体研究》，人民出版社，2014。

宋元林：《网络思想政治教育》，人民出版社，2012。

严耕、陆俊、孙伟平：《网络伦理》，北京出版社，1998。

高兆明：《伦理学理论与方法》，人民出版社，2005。

高兆明：《伦理学引论》，南京师范大学出版社，2004。

曾钊新、李建华：《道德心理学》（上），商务印书馆，2017。

李萍、钟明华：《文化视野中的青年道德社会化》，中山大学出版社，2003。

王海明：《新伦理学》，商务印书馆，2001。

王正平、周中之：《现代伦理学》，中国社会科学出版社，2001。

黄少华、翟本瑞：《网络社会学——学科定位与议题》，中国社会科学出版社，2006。

赵兴宏：《网络伦理学概要》，东北大学出版社，2008。

何明升：《叩开网络化生存之门》，中国社会科学出版社，2005。

李士群：《网络道德》，北方交通大学出版社，2001。

戴永明：《传播法规与伦理》，上海交通大学出版社，2009。

严峰：《网络群体性事件与公共安全》，上海三联书店，2012。

谭志敏：《网络文化与伦理概论》，重庆大学出版社，2015。

王爱玲：《中国网络媒介的主流意识形态建设研究》，人民出版社，2014。

范翠英：《网络道德心理研究》，世界图书广东出版公司，2013。

陆学艺：《当代中国社会流动》，社会科学文献出版社，2004。

高平平、黄富峰：《传播与道德》，湖南大学出版社，2005。

侯东阳：《舆论传播学教程》，暨南大学出版社，2009。

李伦：《网络传播伦理》，湖南师范大学出版社，2007。

童星：《中国社会治理》，中国人民大学出版社，2018。

朱虹：《社会心理学》，东南大学出版社，2005。

熊澄宇：《信息社会4.0》，湖南人民出版社，2002。

彭兰：《网络传播概论》，中国人民大学出版社，2001。

刘文富：《网络政治——网络社会与国家治理》，商务印书馆，2004。

雷跃捷、辛欣：《网络传播概论》，中国传媒大学出版社，2010。

刘毅：《网络舆情研究概论》，天津人民出版社，2007。

周晓虹：《现代社会心理学》，上海人民出版社，1997。

胡正荣、戴元光：《新媒体与当代中国社会》，上海交通大学出版社，

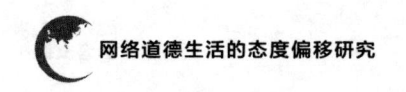

2012。

戴元光、金冠军：《传播学通论》，上海交通大学出版社，2000。

丁迈：《典型报道的受众心理实证研究》，中国传媒大学出版社，2008。

丁柏铨：《新闻理论新探》，新华出版社，1999。

罗昕：《网络新闻实务》，北京大学出版社，2014。

李怀亮：《新媒体：竞合与共赢》，中国传媒大学出版社，2009。

鲍海波：《新闻传播的文化批评》，中国社会科学出版社，2002。

彭兰：《中国新媒体传播研究前沿》，中国人民大学出版社，2010。

王锡锌：《公众参与和行政过程——一个概念和制度分析的框架》，中国民主法制出版社，2007。

常晋芳：《网络哲学引论》，广东人民出版社，2005。

田中阳：《传播学基础》，岳麓出版社，2009。

段鹏：《传播效果研究：起源、发展与应用》，中国传媒大学出版社，2008。

李彬：《传播学引论》，新华出版社，1993。

杜骏飞：《网络传播概论》，福建人民出版社，2010。

安云初：《当代中国网络舆情研究：以政治参与为视角》，湖南师范大学出版社，2014。

蔡定剑：《公众参与：风险社会的制度建设》，法律出版社，2009。

赵鼎新：《社会与政治运动讲义》，社会科学文献出版社，2006。

林景新：《网络危机管理》，暨南大学出版社，2009。

曾国屏：《赛博空间的哲学探索》，清华大学出版社，2002。

崔子修：《网络空间的哲学维度》，中国财富出版社，2019。

刘永华：《互联网与网络文化》，中国铁道出版社，2014。

李素霞：《交往手段革命与交往方式变迁》，人民出版社，2005。

方兴东、王俊秀：《博客-E时代的盗火者》，中国方正出版社，2003。

胡百精：《危机传播管理——流派、范式与路径》，中国人民大学出版社，2009。

参考文献

居延安：《公共关系学（第四版）》，复旦大学出版社，2010。

吴敬琏、郑永年、亨利·基辛格：《影子里的中国》，江苏文艺出版社，2013。

江万秀：《社会转型与伦理道德建设》，新星出版社，2015。

胡百精：《公共关系学》（第二版），中国人民大学出版社，2018。

唐芳贵：《网络群体性事件的心理学研究》，中南大学出版社，2014。

常松：《微信舆情分析与研判》，社会科学文献出版社，2014。

朱春阳：《新媒体时代的政府公共传播》，复旦大学出报社，2014。

殷竹钧：《网络社会综合防控体系研究》，中国法制出版社，2017。

刘京林：《传播中的心理效应解析》，中国传媒大学出版社，2009。

曾峻、梅丽红：《中国共产党与当代中国民主》，上海人民出版社，2004。

吴靖：《文化现代性的视觉表达：观看、凝视与对视》，北京大学出版社，2012。

曾耀农：《现代传播美学》，清华大学出版社，2008。

李培林、张翼等：《社会冲突与阶级意识》，社会科学文献出版社，2005。

刘明：《社会舆论原理》，华夏出版社，2002。

邹吉忠：《自由与秩序——制度价值研究》，北京师范大学出版社，2003。

吴靖：《文化现代性的视觉表达：观看、凝视和对视》，北京大学出版社，2012。

刘海龙：《大众传播理论：范式与流派》，中国人民大学出版社，2008。

李良荣：《新闻学概论（第七版）》，复旦大学出版社，2020。

李良荣、方师师：《网络空间导论》，复旦大学出版社，2018。

骆正林：《媒体舆论与企业公关》，新华出版社，2005。

陈先红：《中国公共关系学》（上），中国传媒大学出版社，2018。

李道平：《公共关系学》，经济科学出版社，2000。

陈世华：《北美传播政治经济学研究》，社会科学文献出版社，2017。

刘建华：《校园舆论的形成机制及其思想政治教育研究》，中国政法大学出版社，2011。

胡凯：《网络思想政治教育心理研究》，中南大学出版社，2016。

姜希：《网络文化与道德教育》，四川人民出版社，2005。

王贤卿：《道德是否可以虚拟——大学生网络行为的道德研究》，复旦大学出版社，2011。

王渊：《基于科技伦理视角的大学生网络道德教育研究》，中国地质大学出版社，2017。

刘旭升、贾楠：《高校网络道德教育研究》，新华出版社，2014。

赵盈：《道德习养、破土与新生：网络环境下大学生道德发展研究》，同济大学出版社，2017。

朱力：《转型期中国社会问题与化解》，中国社会科学出版社，2012。

燕道成：《群体性事件中的网络舆情研究》，新华出版社，2013。

戚万学：《道德教育新视野》，山东教育出版社，2004。

苏振芳：《网络文化研究：互联网与青年社会化》，社会科学文献出版社，2007。

范宝丹：《论马克思交往理论及其当代意义》，社会科学文献出版社，2005。

汪新建：《社会心理学概论》，天津人民出版社，1988。

胡东芳、孙军业：《困惑及其超越》，福建教育出版社，2001。

周晓虹：《现代社会心理学》，上海人民出版社，1997。

四 期刊论文

昝玉林、许文贤：《网络政治参与中的"群体极化"探析》，《思想理论教育》2005年第10期。

陶文昭：《互联网群体态度偏移评析》，《思想理论教育》2007年第9期。

郑永廷：《论现代社会的社会动员》，《山东大学学报》（社会科学版）2000年第2期。

甘泉、骆郁廷：《社会动员的本质探析》，《学术探索》2011年第12期。

樊浩：《中国社会价值共识的意识形态期待》，《中国社会科学》2014 年第 7 期。

弯美娜、刘力、邱佳等：《集群行为：界定、心理机制与行为测量》，《心理科学进展》2011 年第 5 期。

陈宝剑：《社会空间视角下的互联网与青年价值观塑造：影响机制与引导策略》，《北京大学学报》（社会科学版）2020 年第 2 期。

陈颀、吴毅：《群体性事件的情感逻辑：以 DH 事件为核心案例及其延伸分析》，《社会》2014 年第 1 期。

刘康：《"去中心化—再中心化"传播环境下主流意识形态话语权面临的双重困境及建构路径》，《中国青年研究》2019 年第 5 期。

〔加拿大〕邦格：《技术的哲学输入和哲学输出》，《自然科学哲学问题》1984 年第 1 期。

周建青：《"网络空间命运共同体"的困境与路径探析》，《中国行政管理》2018 年第 9 期。

林宇辉：《泛道德化批判的归因探究》，《河海大学学报》（哲学社会科学版）2017 年第 3 期。

隋岩：《群体传播时代：信息生产方式的变革与影响》，《中国社会科学》2018 年第 11 期。

刘勇：《利益差异效能累加：群体冲突的触发根源》，《福建论坛》（人文社会科学版）2011 年第 1 期。

胡象明：《重大社会风险的形成机理与传导机制》，《国家治理》2020 年第 3 期。

马广海：《论社会心态：概念辨析及其操作化》，《社会科学》2008 年第 10 期。

金兼斌：《网络舆论调查的方法和策略》，《河南社会科学》2007 年第 4 期。

孙德忠：《重视开展社会记忆问题研究》，《哲学动态》2003 年第 3 期。

戴汝为：《网络道德的三个原则》，《中国信息界》2005 年第 13 期。

钟启东：《思想政治教育理念创新的逻辑论析》，《思想教育研究》2016年第8期。

张元、丁三青、李晓宁：《网络道德异化与和谐网络文化建设》，《现代传播（中国传媒大学学报）》2014年第4期。

张元、丁三青、李晓宁：《网络环境下社会主义核心价值观认同的实践路径》，《科学社会主义》2014年第4期。

吴冠军：《健康码、数字人与余数生命——技术政治学与生命政治学的反思》，《探索与争鸣》2020年第9期。

赵丽涛：《我国主流意识形态网络话语权研究》，《马克思主义研究》2017年第5期。

俞可平：《权力与权威：新的解释》，《中国人民大学学报》2016年第3期。

申楠：《算法时代的信息茧房与信息公平》，《西安交通大学学报》（社会科学版）2020年第2期。

易小明、李伟：《道德生活概念论析——兼及道德与生活的关系》，《伦理学研究》2013年第5期。

孙立明：《对网络情绪及情绪极化问题的思考》，《中央社会主义学院学报》2016年第1期。

覃青必：《道德绑架内涵探析》，《江苏社会科学》2013年第5期。

沈晓阳：《论"道德应当"与"道德必须"》，《东方论坛·青岛大学学报》2002年第1期。

王学风：《论网络社会中人的主体性的丧失与提升》，《华南师范大学学报》（社会科学版）2002年第5期。

周感华：《群体性事件心理动因和心理机制探析》，《北京行政学院学报》2011年第6期。

蓓蕾：《网络意见领袖在社会舆论中的作用机制》，《新闻传播》2017年第8期。

胡明辉、蒋红艳：《构建网络群体态度偏移与约束机制》，《青年研究》

2015 年第 6 期。

王道勇:《网络社会中的群体心理极化与社会合作应对》,《中共中央党校学报》2015 年第 8 期。

袁慧、李锦珍:《网络群体态度偏移表现及其特征》,《现代传播(中国传媒大学学报)》2016 年第 9 期。

五 外文文献

Michael Heim, *The Erotic Ontology of Cyberspace*, in Benedict (ed.), *Cyberspace: First steps*, Cambrige: MIT Press, 1992.

Di Maggio, P. J. Evans, and B. Bryson, "Have AmericansSocial Attitude Become More Polarized", *American Jorrnal of Sociology*, vol. 102, 1996.

Henry Farrell, "The Consequences of the Internet for Politics", *Annual Review of Political Science*, vol. 102, 2012.

Cass. Sunstein, *Republica.com: Internet, Democracia Y Libertad Barcelona*, Paidós, 2003.

David Snow, Sarah Soule, Hanspeter Kriesi (eds.): *The Blackwell Companion to Social Movements*, New York: John Wiley & Sons, 2008.

Richard A., *Spinello: Cyberethics: Morality and Law in Cyberspace*, Jones and Bartlett Publishers, 2003.

Lorenzo Strigini, "Limiting the Dangers of Intuitive Decision Making", *IEEE Software*, Vol. 13, 1996.

Cooper A., Reimann R., Cronin D., et al., *About Face: The Essentials of Interaction Design*, John Wiley & Sons, 2014.

Kim Yonghwan, KimYoungju, *Incivility on Facebook and Political Polarization: the Mediating Role of Seeking Further Comments and Negative Emotion*, Computers in Human Behavior, 2019, 99 (OCT.).

Du L., Feng Y., Tang L. Y., et al., *Time Dynamics of Emergency Re-*

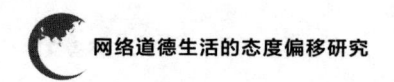

sponse Network for Hazardous Chemical Accidents: *a Case Study in China*, Journal of Cleaner Production, 2020.

Stone J. A. F, *A Comparison of Individual and Group Decisions Involving Risk*, MIT, Schoolof Industrial Management, Cambridge, 1961.

图书在版编目（CIP）数据

网络道德生活的态度偏移研究/杨宇辰著.--北京：社会科学文献出版社，2025.2.--ISBN 978-7-5228-5137-2

Ⅰ.B82-057

中国国家版本馆CIP数据核字第2025Q10B74号

网络道德生活的态度偏移研究

著　　者／杨宇辰

出 版 人／冀祥德
责任编辑／岳梦夏
责任印制／岳　阳

出　　版／社会科学文献出版社·马克思主义分社（010）59367126
　　　　　地址：北京市北三环中路甲29号院华龙大厦　邮编：100029
　　　　　网址：www.ssap.com.cn
发　　行／社会科学文献出版社（010）59367028
印　　装／三河市尚艺印装有限公司

规　　格／开　本：787mm×1092mm　1/16
　　　　　印　张：9　字　数：127千字
版　　次／2025年2月第1版　2025年2月第1次印刷
书　　号／ISBN 978-7-5228-5137-2
定　　价／79.00元

读者服务电话：4008918866

版权所有 翻印必究